AF578971

CONCOURS RÉGIONAL DE POITIERS

RAPPORT

Fait au nom de la première section du Jury (1), *chargée de décerner la prime d'honneur dans le département de la Vienne; par M.* ADRIEN BONNET.

(Extrait du *Journal d'Agriculture et d'Horticulture de la Gironde*.

Le Jury de la prime d'honneur, dans l'accomplissement de sa mission, n'a pas pu se former une idée d'ensemble de l'agriculture de la Vienne, car une partie considérable du département, renfermant notamment les arrondissements de Châtellerault et de Loudun, n'a pris aucune part au concours. Dans la contrée située au sud et à l'est de Poitiers, de nombreuses visites lui ont fait apprécier des travaux et des résultats très-intéressants et très-divers; mais le fait agricole qui l'a le plus frappé par sa généralité et par son importance, c'est la mise en valeur des terres incultes.

Cette partie du Haut-Poitou a toujours été renommée par ses forêts habitées par les cerfs, les chevreuils et les loups. En dehors des bois, les terres les plus fertiles, dans les vallons, au-

---

(1) La première section du Jury était ainsi composée : M. Chambellant, inspecteur général de l'agriculture, président; Le Sénéchal, adjoint à l'inspection générale, vice-président et secrétaire; Bonnemaison (Charente-Inférieure); de la Borderie (Charente); de Carayon La Tour (Gironde); Durand de Corbiac (Dordogne); Majou de la Débuterie (Vendée); Muret (Haute-Vienne); Adrien Bonnet (Gironde), rapporteur.

tour des villages, ont été anciennement cultivées ; mais partout ailleurs s'étendaient de vastes plaines livrées à la végétation spontanée. C'étaient les *brandes du Poitou*, un de ces déserts intérieurs dont, naguère encore, la pauvreté faisait un contraste saisissant avec la richesse croissante de notre pays, avec le luxe de nos villes, et dont la persistance sur le sol français semblait braver la puissance de notre civilisation. Cet état de la contrée s'est perpétué pendant bien des siècles, maintenu par le manque de population et de capitaux, par une viabilité détestable, par l'absence de l'élément calcaire dans la couche arable du sol. Les possesseurs des terres, arrêtés par ces obstacles longtemps insurmontables, négligeaient l'agriculture, et, donnant un autre cours à leur infatigable activité, faisaient de leur pays la terre classique de la vénerie française.

De nos jours, enfin, la physionomie du Haut-Poitou a heureusement changé, et, tout en conservant un caractère original et plein de charme, elle perd la tristesse que lui donnaient la pauvreté, l'abandon et la solitude. L'amélioration des chemins, œuvre de la paix, a donné le signal des progrès. Des routes excellentes de plus en plus nombreuses, plus tard des chemins de fer tracés dans quatre directions, ont grandement augmenté la valeur des produits des bois et des terres. Les propriétaires n'ont pas tardé à vouloir donner de l'extension à des cultures devenues plus fructueuses ; ils ont su reconnaître l'importance, la nécessité des amendements calcaires, et bientôt la marne et la chaux, employées sur des espaces immenses, ont soumis à la culture la stérilité séculaire des brandes. Cette transformation n'aura de limite que la mise en valeur complète du sol, elle n'a de mesure que celle de l'augmentation de la population et des capitaux.

Sous l'action continue du travail excité par une rémunération assurée, tout change d'aspect. Les cultures deviennent plus riches et plus variées ; les plantes sarclées prennent une place, encore trop restreinte, dans les assolements ; les prairies artificielles occupent, trop longtemps quelquefois, des surfaces de plus en plus considérables. Les bons instruments de labour sont généralement adoptés ; ceux qui servent à donner aux récoltes des façons rapides et soignées commencent à se répandre. Les animaux aussi se modifient avec les cultures : les grands moutons du Poitou, expression exacte de l'ancienne situation agricole, si bien conformés pour parcourir un vaste pays peu cultivé et en utiliser les maigres ressources, améliorent leurs formes et leurs qualités sous le double effet d'une alimentation plus riche et plus constante et de croisements judicieux ; les vaches et les bœufs venus des contrées vendéennes ou descendus des montagnes de l'Auvergne se développent aujourd'hui, arrivent même à l'engraissement dans un pays où les conditions naturelles du sol n'avaient point anciennement créé de race ou de variété de l'espèce bovine.

Le mouvement, n'étant pas accéléré ici par les profits élevés mais quelquefois aléatoires que procurent les industries agricoles, se développe avec lenteur mais avec sécurité, et, par un travail soutenu, une race honnête et laborieuse améliore patiemment les conditions de son existence. Ce progrès si désirable, suscité, aidé par les circonstances, n'atteindra toute sa puissance que par la plus grande diffusion des lumières et par le développement des intelligences. Mieux que les routes et mieux que la chaux, l'instruction achèvera l'œuvre commencée et vulgarisera les moyens de tirer tout le parti possible de l'exploitation du sol.

L'urgente nécessité de répandre largement les connaissances agricoles est partout signalée par l'esprit public ; elle est comprise par le Gouvernement, qui a commencé à réaliser les vœux exprimés à ce sujet et qui se préoccupe des moyens à prendre pour leur donner une satisfaction complète. Dans le département de la Vienne, ce grand intérêt public n'est pas négligé. Les comices agricoles répandent avec zèle les bons principes et les bonnes pratiques. A Poitiers, une société, digne de cette antique et savante cité, éclaire la marche des agriculteurs. Dans ce concours même, nous avons rencontré l'utile institution d'un orphelinat agricole, une ferme-école ancienne, excellente, précieuse pour le pays. Enfin, celui de tous les enseignements qui a le plus d'influence et d'autorité, l'enseignement par l'exemple, est donné chaque jour par des hommes pleins d'ardeur et d'initiative. Nous allons les voir à l'œuvre en rendant compte de nos visites des domaines présentés au concours.

Ces seize domaines ne concouraient pas tous ensemble ; deux d'entre eux, l'orphelinat et la ferme-école, se trouvaient placés dans une situation particulière ; c'est d'eux que nous nous occuperons en premier lieu.

M. DE GROUSSEAU, *à l'orphelinat agricole des Bradières.*

M. de Grousseau est propriétaire du domaine des Bradières, sur lequel est établie une colonie agricole d'enfants assistés dont il est le directeur. Cet établissement a un caractère départemental, car c'est le département qui entretient la plupart des enfants qui s'y trouvent ; mais le ministère de l'agriculture fournit aussi des subventions importantes sous forme de traitements au directeur, au chef de pratique, au jardinier pépiniériste, au chef de bouverie, d'allocations pour l'enseignement agricole et le service vétérinaire, et de bourses d'élèves. Ces circonstances ont décidé le Jury, chargé, aux termes d'une lettre ministérielle, de déterminer la catégorie dans laquelle le domaine des Bradières devait être admis, à le placer dans le concours ouvert pour la prime d'honneur spéciale affectée aux fermes-écoles.

L'exploitation de M. de Grousseau est située dans la commune de Lavoux, à 16 kilomètres de Poitiers, sur le plateau qui sépare la vallée du Clain de celle de la Vienne. Elle est formée de deux parties, séparées seulement par une distance de 100 mètres : l'une, d'une étendue de 45 hectares, d'une configuration plane, d'un sol silicéo-argileux et graveleux avec sous-sol argileux et graveleux ; l'autre, de 23 hectares, en terrains plus accidentés, pierreux, à sol et sous-sol calcaires. Les bâtiments sont situés sur la première partie du domaine, à l'extrémité qui se rapproche le plus de la seconde.

La nature du sol de celle-ci la rend peu propre à la culture ; elle est presque entièrement consacrée à la pâture des moutons sur de vieilles prairies artificielles. Quelquefois on en laboure une portion pour y prendre quelques récoltes : c'est ainsi que nous y avons vu $1^{h},20$ en topinambours, et 4 hectares en avoine dans un état fort inégal avec beaucoup de chardons et de plantes parasites. Une vigne de 1 hectare a été plantée, il y a deux ans, en cépages moitié rouges, moitié blancs; elle végète vigoureusement dans ce terrain calcaire; elle est labourée, excepté dans une partie trop rocheuse; elle est taillée d'après la méthode Guyot, mais sans être échalassée.

Le ténement principal du domaine renferme 31 hectares de terres arables soumises à l'assolement suivant : première année, plantes sarclées, racines et fourrages; deuxième, blé ou avoine de printemps avec semis de trèfle sur la moitié; troisième, trèfle, vesces ou autres fourrages annuels sur la seconde moitié; quatrième, blé d'automne. Il va sans dire que le trèfle et les vesces alternent de manière à ne revenir sur les mêmes champs que tous les huit ans. Cet assolement très-rationnel paraît régulièrement suivi.

Les récoltes nous ont paru assez médiocres : les plantes sarclées n'avaient pas reçu de façons assez complètes, les céréales étaient courtes, souvent claires et peu propres, le trèfle semé au printemps n'avait pu résister à la chaleur et à la sécheresse.

Un bon pré de 1 hectare près de la ferme et une vieille luzernière de 3 hectares augmentent les ressources alimentaires que fournissent les fourrages de l'assolement, les topinambours et les pâtures des terrains calcaires.

On trouve encore près de l'habitation une pièce de vieille vigne de 40 ares, et une autre pièce de 36 ares, plus jeune, taillée et conduite d'après la méthode Guyot, pourvue d'échalas et de fils de fer, très-soignée et dans un excellent état de culture, de végétation et de production.

Au milieu des terres en assolement on a élevé une construction bien entendue, dans laquelle les gerbes sont rentrées et battues et où l'on serre les racines.

Autour de l'habitation s'étendent de vastes bâtiments anciens, mais bien appropriés et convenablement tenus; on remarque, dans la partie affectée à l'orphelinat, un préau couvert, un réfectoire spacieux, une très-bonne salle d'études et une chapelle.

Trois chevaux et un mulet suffisent aux besoins de la culture ; deux chevaux sont consacrés au service du directeur ; le bétail de rente est formé de 5 vaches gâtines ou parthenaises, d'un très-bon taureau parthenais, d'un bon troupeau logé dans une excellente bergerie et comprenant 60 brebis mères, 13 agneaux et 2 jeunes béliers southdown-berrichons remarquablement conformés, enfin d'une porcherie renfermant 12 porcs, dont 8 jeunes, croisés manchester-craonnais. Le choix de ces animaux est généralement très-bon, de même que leur état et leur tenue.

L'orphelinat est pour la culture d'un très-faible secours ; on le comprend aisément quand on songe que les enfants n'y séjournent que de neuf à quinze ans, et s'en vont au moment où ils pourraient rendre quelques services. On les emploie pourtant à des travaux légers, tels que le fanage et les sarclages; huit des plus grands étaient occupés, le jour de la visite, à faucilIer un champ d'avoine.

Ces enfants sont plus propres aux soins du jardinage et de la basse-cour. Cette aptitude a été habilement mise à profit pour donner un développement remarquable à cette partie de l'exploitation. Le potager est très-vaste et parfaitement cultivé; on y trouve une grande variété de légumes, des vignes à la Thomery, des arbres fruitiers de formes diverses dans les plates-bandes et en espalier le long des murs, tous taillés et conduits avec entente. Le jardinier, qui est aussi chargé du cours d'instruction primaire, est un homme intelligent et capable, et dirige supérieurement le service qui lui est confié.

La basse-cour a une très-grande importance ; elle réunit, dans un vaste enclos bien disposé et pourvu d'ombrages, 5 à 600 têtes de volailles, poules, dindons, oies, canards et pintades ; il en a été vendu en 1867 pour 2,500 fr. en sus de la consommation domestique. La nourriture se compose des issues des grains moulus pour faire le pain de l'établissement, de balles de blé, de criblures de greniers, de betteraves, salades et légumes divers. Des enfants pris parmi les plus jeunes de l'orphelinat sont chargés des soins de la basse-cour pour lesquels ils ont naturellement du goût, et, grâce à la surveillance et à la direction fort éclairée de Mme de Grousseau, on trouve partout un ordre parfait et une minutieuse propreté.

Les résultats de l'exploitation des Bradières, en tenant compte des ressources et des charges de l'institution qui y est établie, ne dépassent pas ceux d'une ferme ordinaire de cette importance. Des livres convenablement tenus, avec inventaires annuels, font connaître que, le capital foncier étant de 204,000 fr. et le capital d'exploitation de 36,000 fr., le revenu annuel s'élève à 10 à 12,000 fr.

L'œuvre utile à laquelle M. de Grousseau s'est consacré ne le conduira donc pas à la fortune, mais elle lui mérite l'estime et la considération, elle donne la santé et la force à de pauvres enfants tristement entrés dans la vie et les engage dans une voie bonne pour eux et bonne pour l'agriculture de la contrée.

Le Jury n'a pas mission pour étudier et juger le fonctionnement de l'orphelinat, il n'est appelé qu'à apprécier l'exploitation. Sur ce point nous en avons dit assez pour justifier les récompenses suivantes : une médaille d'or à M. de Grousseau pour la bonne tenue du jardin, du verger et de la basse-cour ; une médaille d'argent à M. Brèche, jardinier pépiniériste, chargé du cours d'instruction primaire.

M. DE LARCLAUSE, *directeur de la ferme-école de Monts.*

M. de Larclause exploite en qualité de fermier le domaine de Monts, près Couhé, sur lequel est établie la ferme-école du département de la Vienne dont il est le directeur.

Ce domaine comprend 153 hectares presque en un seul tenant. Le sol, d'une configuration plane, est généralement argilo-siliceux et dans quelques parties silicéo-calcaire et argilo-calcaire, et possède une fertilité naturelle médiocre.

Les terres arables, qui forment la partie de beaucoup la plus importante de l'exploitation, occupent 103 hectares ; les prés naturels, $3^{h},50$; les vignes, 4 hectares ; les jardins, $2^{h},50$; les bois, 26 hectares ; les pâtures en coteaux arides, 11 hectares ; les cours et bâtiments, 3 hectares.

M. de Larclause, père du concurrent, avait acheté Monts

en 1826; destitué après la révolution de 1830 des fonctions qu'il occupait dans la magistrature, il se retira sur ce domaine dont il entreprit sérieusement l'amélioration. Aidé dans sa culture par les fumiers d'une écurie de poste de 60 chevaux établie à Couhé, il mit le domaine en pleine valeur, et, peu de temps après l'institution des fermes-écoles, en 1849, il obtint d'y créer celle qui depuis lors n'a cessé d'y fonctionner. M. de Larclause père mourut en 1852; à partir de ce moment, le concurrent n'a cessé de diriger la ferme, bien que pendant quelques années, au début, il n'eût pu, à cause de son âge, recevoir le titre de directeur. Jusqu'au 29 septembre 1863, M. de Larclause administrait au nom de sa mère, comme propriétaire; depuis lors, la terre ayant été vendue, il en est devenu le fermier pour douze ans.

Ces circonstances ont été évidemment très-propres à former M. de Larclause pour la carrière qu'il a embrassée; indépendamment des leçons sérieuses et pratiques qu'il doit à la vie qu'il a menée, il a reçu l'instruction professionnelle soit à la ferme-école de Besplas, dans l'Aude, soit à l'institut agronomique de Versailles.

La culture de Monts est la mise en pratique des principes de la science moderne; elle est soumise à un assolement rationnel très-exactement suivi et réglé de la manière suivante: première année, plantes sarclées avec fumure de 60,000 kilog. à l'hectare; deuxième, orge d'été avec semis de trèfle; troisième, trèfle; quatrième, blé d'hiver; cinquième, colza repiqué, avec fumure de 30,000 kilog.; sixième, blé; septième, vesces et autres fourrages annuels; huitième, avoine d'hiver et d'été. 30 hectares restent en dehors de cet assolement et sont consacrés à la luzerne et au sainfoin. Avant d'établir cette rotation, il a fallu travailler très-longtemps et très-énergiquement les terres pour les purger des graines des mauvaises herbes que les fumiers de poste employés frais y avaient accumulées pendant vingt ans.

Les soles forment de vastes et belles divisions facilitant les travaux; elles présentent des planches larges de 4 à 8 mètres, profondément labourées avec les charrues Howard et de Curzay habituellement attelées de 4 bœufs, ameublies et nettoyées par l'usage habituel du scarificateur, du rouleau Croskill, du déchaumeur, de herses variées et de la houe à cheval, et permettant l'emploi fréquent, même pour les céréales, du semoir Smith ou de Curzay.

La sole de plantes sarclées contenait 5 hectares de betteraves et le reste en pommes de terre, haricots et pois, le tout en très-bon état. Les deux soles de blé étaient belles et propres, les épis, parfois un peu clairs, étaient lourds; l'orge d'été, bien grainée, promettait peu de paille; l'avoine d'hiver, belle sur 2 hectares, avait gelé sur le reste de la sole et avait été remplacée par de l'orge; l'avoine d'été était bien réussie. Les colzas et les vesces, déjà rentrés, avaient fourni de bonnes récoltes. Le trèfle occupant une des soles et les vastes champs de luzerne étaient bien garnis d'un épais fourrage. Les luzernes, après avoir été fauchées, sont ramassées par le râteau à cheval et disposées en petits tas, successivement grossis à mesure que leur superficie devient sèche, jusqu'à ce qu'ils forment des meulons du poids de 100 kilog. qui sont rentrés après quelques jours. Le foin se fait ainsi avec peu de main-d'œuvre et conserve toutes ses feuilles.

Une partie des terres qui avaient porté le farrouch et les vesces devait recevoir, selon l'usage, une plantation de choux branchus et moelliers en récolte dérobée.

Les semences ont été choisies après des essais comparatifs. On a adopté le blé rouge de Taganrok seul sur une sole, et sur l'autre mélangé avec le blé rouge d'Écosse, l'avoine noire de Brie, l'orge Chevalier, la betterave globe-jaune, la pomme de terre Chardon, les carottes de Flandre à collet vert et à collet rouge, les rutabagas et les raves d'Auvergne.

La vigne occupe une place très-secondaire dans l'exploitation. Une vieille vigne de 3 hectares, plantée en folle blanche, fournit le vin nécessaire pour la consommation de la ferme; 1 hectare planté en 1865 en pineaux noir et blanc, taillé et conduit d'après la méthode Guyot, sert pour les démonstrations aux apprentis de l'école. L'oïdium a attaqué les vignes, mais il est combattu avec succès par le soufrage.

Les prés naturels, peu étendus, sont humides, et leur situation, au-dessous du plan d'eau d'un ruisseau courant, ne permet pas de les assainir.

Les bois sont aménagés en taillis coupés à neuf ans.

En résumé, la culture de Monts est excellente, bien appropriée au pays et à l'enseignement, étudiée et soignée dans tous ses détails, progressive sans essais aventureux, et couronnée par une augmentation graduelle et soutenue du rendement de toutes les récoltes.

L'assainissement et l'amendement du sol ont contribué à ces résultats. Quelques drainages partiels et environ 2 kilomètres de rigoles empierrées ont suffi pour évacuer les eaux nuisibles. Toutes les terres ont déjà reçu deux chaulages, l'un de 150 hectolitres à l'hectare, l'autre de 100 hectolitres, le troisième sera de 80 hectolitres et sera toujours appliqué aux terres de la première sole. La chaux est fabriquée sur le domaine et revient à 85 c. l'hectolitre. Le plâtre est répandu sur les légumineuses à la dose de 400 hectolitres.

L'engrais de ferme est presque exclusivement employé; le guano sert accidentellement à ranimer la végétation de quelques champs de céréales d'apparence chétive. Les fumiers sont entassés sur une plate-forme étanche, entourée de rigoles et pourvue d'une fosse à purin; ils sont arrosés et se font très-bien. La quantité en est devenue assez considérable pour que chaque hectare de terre arable en reçoive 90,000 kilog. dans le cours de l'assolement.

Le bétail donne lieu à des spéculations diverses. La force motrice est donnée par 10 bœufs de Salers et par 8 chevaux. 12 vaches salers ou parthenaises élèvent des veaux et fournissent la ferme de lait et de beurre ; 8 veaux et génisses doivent êtres vendus : les premiers, à 2 ans; les secondes pleines, à 30 mois ; 10 bœufs d'élève sont prêts pour la vente. Les bêtes ovines forment un beau troupeau de 337 têtes ; 100 brebis poitevines de la race de Valence, achetées en 1864, en ont formé la souche avec des béliers dishley-mérinos, puis des béliers de race pure dishley ont été successivement achetés pour être introduits dans le troupeau jusqu'à ce que l'acquisition faite en 1863 de quelques brebis de cette race ait fourni le moyen de faire naître les mâles. Sous l'influence du croisement dishley, le poids moyen des toisons s'est élevé en douze ans de 180 à 1,180 grammes, en même temps le corps a pris du volume, et maintenant les agneaux sont vendus gras à 20 mois au prix de 35 fr.

La porcherie contient 6 truies et 11 jeunes porcs, tous croisés craonnais-manchester; 200 volailles améliorées par l'infusion du sang dorking peuplent la basse-cour; enfin, un rucher, dans lequel on emploie la ruche Beauvoys, donne de bons résultats. Tous les animaux que nous venons d'énumérer sont bien choisis et en excellent état.

Les bâtiments d'exploitation ont été appropriés, reconstruits ou construits à neuf, soit par le fermier, soit par le propriétaire; ils sont bien entendus, bien tenus, en rapport avec les besoins de l'exploitation, à l'exception des granges qui sont devenues insuffisantes; on y remarque surtout une excellente bergerie.

L'outillage est complet et choisi parmi les modèles les plus perfectionnés et les plus pratiques. Les instruments sont tous en service journalier, et les apprentis sont familiarisés avec leur emploi.

Le potager est vaste et bien cultivé; on a planté un millier d'arbres fruitiers.

La comptabilité, tenue en partie double par le surveillant comptable, sous la direction de M. de Larclause, ne laisse rien à désirer; elle donne le moyen de se rendre facilement compte du rendement de toutes les cultures, du prix de revient de chaque récolte, du résultat de chaque spéculation et de la situation financière à tous les moments. La comparaison des inventaires dressés avec le plus grand soin au commencement de chaque année montre que les cheptels ont augmenté de 25,964 fr. dans les quatre années écoulées du 1er janvier 1864 au 1er janvier 1868, depuis le fermage. Dans le même temps, le bénéfice moyen annuel, diminué par les faibles rendements et les faibles prix de 1865 et de 1866, a été de 7,900 fr. 29 c. Le capital d'exploitation s'élève à 654 fr. par hectare. La dernière année dont le Jury ait pu constater les résultats est l'année 1867. La balance du compte de profits et pertes fait ressortir un bénéfice de 10,235 fr. 72 c. : c'est un rendement de

74 fr. 10 c. par hectare cultivé, et un intérêt de 15 p. 100 du capital d'exploitation.

Bien que le Jury n'eût pas à apprécier la ferme-école, nous ne voulons pas taire les impressions que cette institution nous a laissées. Le personnel de l'école comprend, outre le directeur, un surveillant comptable, un chef de pratique, un jardinier et dix-huit apprentis. Les logements sont sains, la nourriture paraît substantielle et variée. Le traitement moral de tout ce personnel mérite tous les éloges ; il est empreint de douceur, de fermeté et de bonté, et son influence se révèle dans l'excellente tenue des apprentis. Nous avons jugé, en parlant des récoltes, la valeur de l'enseignement pratique ; l'enseignement théorique est donné dans des cours faits par le directeur, et dont le mérite solide est résulté pour nous des cahiers tenus par les élèves et des réponses qu'ils ont faites à nos interrogations.

L'utilité de la ferme-école est attestée par les résultats qu'elle a produits. Sur 92 élèves qui en sont sortis depuis sa fondation, 12 seulement ont volontairement abandonné l'agriculture, 9 sont morts, et 7 sont sous les drapeaux ; le reste donne : 8 régisseurs ou chefs de culture, 9 fermiers ou métayers, 20 jardiniers, 16 propriétaires exploitant, 16 ouvriers agricoles et 1 élève de l'école d'irrigation de Lézardeau. Ces jeunes gens, formés aux pratiques rationnelles, imbus de saines doctrines, sont utiles au pays et y feront de plus en plus apprécier les services rendus par la ferme-école.

Sans nous étendre davantage sur l'institution à laquelle nous avons seulement voulu rendre justice, et en ne tenant compte que de l'exploitation que nous avions à juger, nous n'hésitons pas à lui attribuer la plus haute récompense dont nous puissions disposer, et à récompenser l'intelligente direction qui y préside, les excellentes cultures qu'elle nous a montrées et les résultats progressifs qu'elle a réalisés, en accordant à l'unanimité à M. de Larclause la prime d'honneur spéciale réservée aux fermes-écoles.

M. le duc Des Cars, *à la Roche de Brand.*

Au moment de commencer l'examen des exploitations des

concurrents, le Jury a pensé qu'il y avait lieu, avant tout, de rendre compte de ses appréciations au sujet d'un vaste domaine auquel des circonstances particulières semblent assigner une place à part en dehors de ce concours. M. le duc Des Cars, créateur de ce domaine, a cessé de vivre peu de jours avant la date fixée pour l'inscription des concurrents. Son fils, le duc actuel, a cru de son devoir de donner suite aux intentions de son père. Le Jury l'en félicite, mais, ne pouvant lui tenir compte du mérite de la création, il estime qu'un témoignage public sera plus en rapport avec la haute valeur de l'œuvre accomplie qu'une récompense qui ne pourrait être motivée que sur son état présent.

La terre de la Roche de Brand ou des Brandes est située à 12 kilomètres de Poitiers, dans la commune de Montamisé, canton de Saint-Georges-les-Baillargeaux ; elle comprend 800 hectares en un seul tenant, et s'étend sur un plateau légèrement ondulé d'une élévation moyenne de 130 mètres. Le sol est généralement calcaire, parfois silicéo-argileux et graveleux ; le sous-sol est argileux et renferme aussi des bancs de pierre calcaire ou de cailloux.

M. le duc Des Cars acheta la Roche en 1824. A cette époque le pays était très-pauvre et la culture on ne peut plus arriérée. Le sol était presque entièrement couvert par de mauvais bois et par des landes ou brandes sur lesquelles des ânes et de chétifs moutons pouvaient seuls trouver leur subsistance.

Le nouveau propriétaire entreprit courageusement de transformer cet état misérable, et il y a réussi en suivant pas à pas, en devançant quelquefois les progrès que l'agriculture française a réalisés depuis cette époque.

Son premier soin fut de remplacer par de bonnes routes les chemins impraticables qui l'entouraient ; les pierres qui couvraient les champs, celles que les labours de plus en plus profonds ramenèrent à la surface, servirent aux empierrements. Ces chemins offraient au pays un spectacle inconnu, longtemps avant que ne fût établi un réseau de routes publiques auquel ils se relient aujourd'hui.

Les bois, jusque-là dévastés par tous les animaux du pays, furent entourés de fossés, les terres furent aussi encloses pour favoriser l'écoulement des eaux et faciliter la garde du bétail, en même temps des plantations faites sur les talus des fossés donnaient de l'ombre et brisaient les vents très-forts sur ce plateau.

Toutes les plantes fourragères, la plupart inconnues dans la contrée, furent successivement introduites et cultivées dans des assolements réguliers. Un nombreux bétail put être entretenu ; les bêtes bovines suisses, puis de la race durham, les bêtes à laine dishley, puis southdown, les porcs des meilleures races anglaises, les chevaux de sang anglais et oriental, furent élevés sur ce domaine, propagèrent la connaissance et le goût des animaux perfectionnés et fournirent au pays des reproducteurs d'élite.

A la quantité considérable de fumier de ferme vinrent s'ajouter, pour créer et soutenir la fertilité des terres, des engrais importés, tels que les fumiers des casernes de Poitiers, les chiffons de laine, le guano, les issues des boucheries. En même temps l'amendement calcaire fut employé avec succès, et deux fours à chaux furent établis sur le domaine. Les instruments perfectionnés furent employés et même construits à la Roche, d'où l'usage s'en répandit aux environs. De vastes citernes vinrent remédier à l'insuffisance des eaux de source. Des constructions magnifiques, établies sur le plus vaste plan, parfaitement disposées pour loger les animaux et abriter les récoltes, furent élevées à une époque où l'agriculture n'était pas habituée chez nous à être traitée avec cette libéralité intelligente. Enfin, toutes les terres à sous-sol argileux furent assainies par un drainage qui s'est étendu successivement sur 150 hectares, et qui fut commencé en 1843 sous la direction d'un Anglais venu exprès pour entreprendre ces travaux, les premiers, dit-on, qui aient été faits en France.

Il a été donné à M. le duc Des Cars de jouir pendant de longues années de l'œuvre de création intelligente et d'initiative hardie qu'il avait entreprise et réalisée. Plus tard il fut amené par les circonstances à ne plus résider autant à la Roche, et il dut cesser de diriger lui-même les cultures du domaine ; trois fermes ou métairies furent alors établies, et ce régime d'exploitation est encore subsistant aujourd'hui.

Ce grand domaine est rentré dès lors dans des conditions plus ordinaires. Bien que les métayers fussent guidés et aidés au besoin, on ne pouvait s'attendre à les voir marcher aussi hardiment dans la voie du progrès, ils ne pouvaient manquer de prendre une allure plus en rapport avec leurs idées et avec leurs ressources.

Le souvenir et les traces du passé jettent un peu d'ombre sur le présent; il y a quelque tristesse dans l'aspect de ces constructions devenues trop vastes pour le fermier qui y réside et qui ne cultive que la moitié des terres. Au lieu de l'exploitation directe de M. le duc Des Cars, en son temps si nouvelle et si brillante, on trouve aujourd'hui des métairies plus modestes, mais bien organisées et donnant de bons résultats.

Sur les 800 hectares qui forment le domaine, 600 sont en bois et 200 en cultures arables.

Une des entreprises les mieux conçues et des plus utiles qui aient été faites à la Roche, c'est assurément la création d'une belle forêt de 600 hectares, bien plantée, bien peuplée et bien percée. L'essence dominante est le chêne; semé seul dans les meilleurs fonds, il l'a été dans les terres plus siliceuses avec des pins destinés à l'abriter dans le premier âge pour lui céder ensuite graduellement le terrain. L'éclaircissage progressif et l'enlèvement final des pins paraissent avoir été parfois un peu retardés. Le haut prix des matières résineuses il y a quelques années a fait entreprendre le gemmage des pins en état de supporter cette opération. Un résinier des landes de Bordeaux est chargé de cette exploitation dont il partage les fruits; il nous a paru qu'il n'apportait pas dans le gemmage tous les ménagements nécessaires pour garantir l'avenir des arbres. Le chêne vient bien partout, et dans certaines terres argileuses il a une croissance magnifique. En dehors de l'exploitation on remarque avec intérêt autour du château de belles plantations d'arbres exotiques, rares et variés, et parmi lesquels on admire plusieurs sujets hors ligne.

Les terres en culture forment trois métairies; l'une d'elles a les bâtiments de la ferme auprès du château, les autres sont dans de bonnes conditions ordinaires. Le bétail assez nombreux comprend des chevaux et des bœufs de travail, des troupeaux de moutons, des taureaux, vaches et élèves de la race parthenaise, tous en assez bon état. Les fumiers sont bien traités à la ferme du château. On se sert de bons instruments. L'assolement est quadriennal; il comprend une sole de jachère avec racines, une de froment, une de fourrages artificiels et une de céréales de printemps. L'état de ces cultures était médiocre; un grand champ de choux branchus à peine repiqués dénotait une très-bonne préparation.

Quelques vignes en lignes, plantées surtout en *quercy* et en *folle blanche*, sont cultivées à la main.

Un petit troupeau de réserve, résultant d'un croisement prolongé de la race du pays avec la race southdown, remarquable de conformation et de condition, trouve une partie de sa subsistance sur les belles pelouses admirablement nivelées qui entourent le château.

La comptabilité est tenue en ordre; pour les métairies elle ne consiste guère que dans la constatation des récoltes. Le dépouillement des livres du régisseur indique pour les six dernières années un revenu de 10 à 15,000 fr. pour les cultures, auquel vient s'ajouter le produit des bois et des fours à chaux.

La terre de la Roche est donc entrée dans la période de l'exploitation régulière, elle ne demande plus qu'une administration soigneuse et prudente. Pour arriver à ce résultat sur un pareil sol et dans des conditions si difficiles, il a fallu de longs et persistants efforts, une grande sûreté de vues, une initiative intelligente et hardie. Ces grandes qualités du feu duc Des Cars, le Jury ne peut plus les récompenser, mais il croit accomplir les pieuses intentions de son fils en les signalant publiquement comme une grande leçon et un noble exemple.

M. Auriault, *à Blaslay.*

M. Auriault, propriétaire à Blaslay, canton de Neuville, à 22 kilomètres de Poitiers, a soumis à l'appréciation du Jury un vignoble de 2 hectares.

Ce vignoble, planté par M. Auriault, est formé de cépages blancs du pays, folle blanche, gros blanc, etc.; il est établi sur un sol léger, silicéo-argileux, avec sous-sol argileux ; la plantation a été précédée d'un défoncement à la charrue, elle a été faite en lignes espacées de 2m,33, les ceps dans la ligne à 1m,33. La taille est celle du pays, qui convient du reste à des cépages rustiques et fertiles. La culture se fait à la charrue pour les deux premières façons, en mars et en mai, puis avec une sorte de sarcloir, instrument assez imparfait, qui n'a pas au surplus été employé de cette année.

Les produits de cette vigne sont de 80 à 94 hectolitres à l'hectare : cette abondante production doit être attribuée en partie à une culture soignée; elle résulte aussi de la nature des cépages, de la fertilité du sol et des engrais tels que le *guano* employé à raison de 250 grammes par cep, soit plus de 800 kilos à l'hectare.

M. Auriault doit surtout être loué pour la plantation en lignes, avec un espacement bien en rapport avec la nature du sol et des cépages, et pour la culture par les animaux, excellentes pratiques qui ne sont pas encore entrées dans les usages du pays. Mais, si nous félicitons de grand cœur M. Auriault de son esprit de progrès, nous ne pouvons reconnaître à ses travaux une nouveauté, une importance et un intérêt suffisants pour lui attribuer une des médailles de spécialité offertes dans le présent concours.

M. Moreau, *à Croutelle*.

M. Moreau possède, dans le domaine de Montagne-de-Fontaine-le-Comte, commune de Croutelle, canton et arrondissement de Poitiers, une prairie sur laquelle il a entrepris des travaux d'irrigation qu'il a désiré soumettre à l'examen du Jury.

Une très-belle et très-bonne source fournit l'eau nécessaire, mais le plan des travaux destinés à l'utiliser et l'exécution qu'il a reçue n'ont pas été favorablement appréciés par le Jury. Les eaux ne sont pas complètement réunies, il n'existe pas de réservoir, les rigoles d'irrigation sont trop profondes, l'évacuation des eaux n'est pas ménagée ; enfin, les travaux ne sont pas même achevés. La précieuse ressource naturelle que présente cette belle source est donc encore en partie perdue. La bonne pensée que M. Moreau a eue d'en tirer parti ne pourra être entièrement réalisée que par des travaux mieux conçus et mieux exécutés.

M. Pierron, *à Magné.*

M. Pierron est fermier depuis dix ans du domaine de Chez-les-Nauds, commune de Magné, canton de Gençay, arrondissement de Civray.

Le sol et le sous-sol silicéo-argileux, dépourvus de calcaire, sont naturellement infertiles, tellement que ce domaine de 100 hectares, affermé 1,500 fr., a été une source de pertes pour tous ceux qui l'ont exploité jusqu'en 1858.

A l'exception de prairies naturelles d'une étendue de 3 hectares, il est en un seul tenant, d'une configuration plane, et, par suite de la perméabilité du sol, ne redoute pas les eaux stagnantes. Quand M. Pierron y est entré, il était presque entièrement en friches et couvert de bruyères. Le cheptel se composait de 4 bœufs, 2 juments et quelques moutons, et ne valait pas plus de 3,000 fr. avec les garnitures de toute sorte.

M. Pierron établit des chemins, entoura ses champs de fossés et de haies d'aubépine, chaula successivement toutes les terres qu'il mit en culture, acheta des fumiers, obtint de bonnes récoltes de céréales, puis établit des prairies artificielles, augmenta graduellement son bétail en proportion de ses fourrages, et parvint ainsi à mettre en culture 70 hectares et à porter son cheptel à l'équivalent de 28 têtes.

Les bâtiments de la ferme tombaient en ruines ; ils ont été réparés par le propriétaire avec le concours du fermier qui a fait tous les charrois ; aujourd'hui, ils sont en bon état et bien tenus.

Les récoltes de M. Pierron ne nous ont pas présenté une brillante apparence. Le blé et l'avoine étaient médiocres et la terre peu nette ; les prairies artificielles, d'une grande étendue relative, n'étaient pas bonnes. Quelques plantes sarclées, topinambours, betteraves et pommes de terre, indiquaient seules une bonne culture.

La cour de la ferme offre un bien meilleur aspect. Le tas de fumier est considérable et monté avec soin; les meules sont très-bien faites; la grange et le gerbier sont dans le meilleur ordre. Un atelier pourvu d'outils de menuiserie et de serrurerie permet à M. Pierron de se passer d'ouvriers étrangers et éloignés pour beaucoup de travaux indispensables. Un grand jardin potager a été créé, est très-bien cultivé et rempli d'arbres fruitiers d'une très-belle venue. Le matériel de la culture, sans être très-nombreux, est suffisant, très-bien choisi, très-pratique et très-employé.

Le bétail est la partie la plus remarquable de l'exploitation. Il y a 6 belles juments poulinières, dont 2 suitées, un petit troupeau de 55 têtes de bêtes à laine poitevines croisées avec des béliers de la Charmoise et fort améliorées, 6 beaux bœufs de travail, 2 vaches et 4 bœufs d'élève de vingt-huit mois. Les bêtes bovines, fort bien choisies, appartiennent aux races salers, limousine et parthenaise. Il y a 4 paires de bœufs de travail, mais l'une d'elles venait d'être vendue au moment de la visite. Les bœufs de travail sont engraissés à l'étable quand ils ont fini leur service.

La comptabilité est tenue avec soin, mais les cadres en sont fort incomplets.

La famille, composée du fermier, de sa femme, d'un fils de seize ans, de deux enfants plus jeunes et d'une nièce orpheline, paraît digne du plus vif intérêt. Par un labeur opiniâtre, avec des lumières très-bornées mais une énergie peu commune, elle a réussi à vivre sur une terre ingrate, à l'améliorer et à créer un capital déjà important représenté par un beau cheptel en voie d'accroissement continu.

Le Jury accorde à M. Pierron une médaille d'argent pour le bon choix et le bon traitement de son bétail.

M. Branthôme *aîné, à Poitiers.*

M. Branthôme aîné, négociant à Poitiers, exploite directement, depuis 1857, un domaine appelé des Sables, situé dans la partie rurale de la commune de Poitiers, sur les coteaux qui s'élèvent au sud de la ville et sur les bords du Clain. Le centre de l'exploitation est situé à 1 kilomètre des barrières de l'octroi. La couche arable et le sous-sol sont formés de calcaire mêlé tantôt de sable et tantôt d'argile. La fertilité de ce terrain est médiocre, sauf dans les prés qui bordent la rivière. Le morcellement du domaine est extrême, la configuration accidentée et les pentes souvent très-fortes. Les prés naturels occupent environ 18 hectares, les vignes, 2^h,28, les bâtiments, cours et jardins, 2^h,20, les terres labourables 58^h,39 dont 25 environ en céréales, 23 en prairies artificielles, et 10 en racines et plantes sarclées, en tout 81^h,87. La culture est faite par un maître-valet et sa femme, un bouvier granger et un aide, un jardinier, six valets, une fille de peine, tous logés, gagés à l'année, nourris, recevant du pain de méture et du vin, et par onze valets gagés pour la belle saison. Les bâtiments, construits par M. Branthôme, sont assez importants et en bon état, mais le plan d'ensemble aussi bien que les dispositions intérieures ne sont pas irréprochables. Les animaux employés à la culture sont indifféremment des bœufs et des chevaux ; les instruments employés sont généralement bons, mais les semis, la fenaison, les buttages et les binages se font à la main.

L'assolement n'est assujetti à aucune règle. Après quelques récoltes de racines et de céréales, les champs sont habituellement ensemencés dans une orge d'un mélange de trèfle, sainfoin et luzerne, qui occupe la terre sept à huit ans.

Les cultures qui précèdent l'établissement de cette prairie artificielle n'étant pas toujours faites dans un ordre convenable et assez soignées, les légumineuses sont promptement envahies par une végétation parasite qui leur dispute le sol. Les cultures sarclées, pommes de terre, betteraves, choux, topinambours conservés trois ans sur les mêmes champs, nous ont paru assez bien faites, quoique retardées par la sécheresse. Les céréales de printemps étaient assez bonnes, celles d'hiver peu propres et infestées de chardons.

Les prairies naturelles sont généralement de très-bonne qualité. Des transports de terre considérables, quelques drainages en pierre ont été faits pour les assainir; l'apparence de certaines parties basses, les laîches que l'on y rencontre indiquent que l'amélioration est encore incomplète. Quelques-uns de ces prés donnent deux coupes abondantes, d'autres fournissent un excellent pâturage. Le Jury a surtout remarqué le pré Roy, bel enclos de $5^h,70$, à la porte de la ville, entouré par deux bras du Clain, soigneusement nivelé, et dont l'herbe paraît à la fois abondante et d'assez bonne qualité.

L'étendue et la nature de ces prés, le produit des prairies artificielles et des plantes sarclées permettent d'entretenir de nombreux animaux. M. Branthôme est un amateur de bétail; il élève, il engraisse, il achète et vend, il envoie aux concours et y mérite souvent des prix. Nous avons trouvé chez lui : 5 chevaux et 12 bœufs pour le travail, en très-bon état, 4 bonnes poulinières dont une fort belle de pur sang, 7 élèves dont le mérite, inférieur à celui des mères, semble accuser le choix de l'étalon, 2 taureaux, 10 vaches, 5 génisses et veaux bien conformés et bien soignés, 16 bœufs à l'engrais très-beaux à divers degrés d'engraissement, et parmi lesquels un surtout nous a paru digne de figurer honorablement dans les plus beaux concours de boucherie. Chaque année, 80 à 100 bœufs de races diverses sont soumis à l'engraissement. Pour les besoins de cette spéculation, les drèches des brasseries et même les légumes, achetés à propos sur les marchés de Poitiers, viennent s'ajouter aux ressources du domaine. L'ensemble du bétail représente à peu près une tête par hectare. Le fumier est, par suite, extrêmement abondant; il est réuni en tas considérable assez régulièrement monté, mais le purin, n'étant pas recueilli, ne peut servir à l'arroser et ne s'écoule dans les terres qu'après avoir traversé un chemin dans une rigole à ciel ouvert. Une cinquantaine d'hectolitres de noir animal, au moins autant de mètres cubes de fumier achetés à Poitiers au prix de 7 fr., s'ajoutent encore au fumier de la ferme. L'état des récoltes avec de si puissantes ressources en engrais accuse la direction de la culture.

Un essai de culture de houblon n'a pas encore d'importance. La vigne, quoique peu étendue, en a bien davantage. Les cépages sont ceux du pays, folle blanche, quercy, balzac, etc.; les ceps ne sont point échalassés, et la culture se donne à la main. La taille est pratiquée d'après une méthode assez curieuse : après quelques années de plantation, le cep devenu assez fort est recépé entre deux terres, quatre ou cinq des jets émis par la souche enterrée forment autant de branches taillées chaque année à dix ou douze yeux, mais l'une d'elles est rabattue à un ou deux yeux, et cette opération successivement appliquée à chaque branche l'empêche de s'allonger et les maintient toutes près de la souche mère.

M. Branthôme tient un livre de recettes et de dépenses. En 1867 ses dépenses ont été de 32,370 fr. et ses recettes de 40,981, d'où un revenu de 8,611 fr. ; mais, comme il n'y a pas d'inventaires, on comprend, surtout avec un cheptel aussi important, que la balance de caisse peut s'éloigner beaucoup du résultat réel de l'exploitation. La direction d'ensemble du domaine des Sables est évidemmemment imparfaite; on doit reconnaître cependant que son propriétaire y apporte un goût très-vif et y déploie une grande activité. Dans les progrès déjà réalisés par M. Branthôme, deux choses frappent surtout, ce sont l'amélioration des prairies et le bel état des bœufs à l'engrais; le Jury a voulu les signaler en accordant à M. Branthôme aîné une médaille d'argent.

M. le comte de Briey, *à la Roche-Gençay.*

M. le comte de Briey exploite directement depuis quinze ans la réserve de la terre de la Roche-Gençay, commune de Magné, canton de Gençay, arrondissement de Civray. Le château de la Roche-Gençay, construction de la fin du moyen âge, ornée de délicates sculptures, domine le cours de la Selle qui traverse le domaine depuis le village de Magné jusqu'au bourg de Gençay. Les terres de la réserve sont groupées autour du château presque en un seul tenant par grandes pièces, et contiennent environ 150 hectares dont 120 en terres arables, 26 en prés, et le reste en bâtiments, cours, jardins et vignes.

Ces terres sont argilo-siliceuses, légères et maigres dans

la plupart des champs un peu plus consistantes et fertiles vers Magné.

Il n'existe pas d'assolement régulier. La culture est alterne, et comprend quelques racines et fourrages annuels et surtout des céréales d'automne et de printemps et des prairies artificielles temporaires.

Les résultats de cette culture ne sont pas brillants. Les céréales de printemps, orge et avoine et le méteil se sont montrés à nous dans un état déplorable; les blés étaient meilleurs, une pièce faite sur vesces était même en bon état. Les prairies artificielles, formées d'un mélange de trèfle, de sainfoin et de luzerne, sans êtres toutes également réussies, présentaient quelques beaux champs. Un maïs-fourrage, semé à la volée, était très-clair; 2 hectares de topinambours, 2 hectares de pommes de terre et 2 hectares de maïs pour grains offraient un aspect satisfaisant.

Une partie des prairies situées au pied du château, le long de la rivière, est presque marécageuse. Un essai de drainage a produit peu d'effet; il ne pourra en être autrement tant que le plan d'eau de la rivière n'aura pas été sensiblement abaissé.

Les amendements calcaires, indispensables sur ces terres froides, ont été largement employés. On a eu d'abord recours au marnage; depuis six ans on a trouvé plus avantageux de se servir de chaux produite dans deux fours établis sur le domaine et dont la production surabondante trouve dans le pays un écoulement facile.

Les bâtiments sont très-vastes. Les uns d'une construction fort ancienne, comme deux écuries voûtées, offrent de belles proportions et une solidité à toute épreuve; d'autres sont plus récents, quelques-uns même inachevés. Les granges sont très-spacieuses, ajoutons quelles contiennent des masses importantes de fourrages; on remarque enfin un immense hangar pour abriter les récoltes.

On emploie de bonnes charrues et de bonnes herses, le râteau à cheval pour la fenaison et quelques autres bons instruments.

Si dans tout ce dont nous venons de parler rien ne mérite

d'être signalé d'une manière particulière, il n'en est pas de même du bétail qui est remarquable par le nombre et plus encore par la valeur exceptionnelle des animaux qui le composent.

Les travaux de la ferme sont exécutés par 14 bœufs d'un très-beau modèle et par 6 forts chevaux ; le service du château emploie 6 chevaux, beaux postiers, que la ferme lui emprunte souvent et qui sont, dans ce dernier cas, attelés à des chariots.

On élève des chevaux et mulets ; les mères sont placées dans les fermes où les produits restent au moins jusqu'au sevrage. Nous avons vu 4 chevaux d'élève bien réussis et 5 mules ou mulets remarquables par leur taille et leur conformation. Le troupeau compte 210 têtes, dont 60 agneaux, le croisement dishley l'a beaucoup amélioré ; tous les agneaux sont gardés, on ne vend chaque année que les bêtes de réforme, et tous les deux ans on engraisse un lot de moutons. 12 porcs anglo-craonnais sont engraissés pour la consommation et pour la vente.

7 vaches, 3 génisses de onze mois, 18 jeunes bœufs de deux ans de la race parthenaise présentent un très-beau développement et des formes très-régulières. Enfin nous avons été particulièrement frappés de l'aspect magnifique de 14 bœufs d'engraissement, salers, parthenais ou limousins, alignés devant leur parc. Ils faisaient le plus grand honneur à l'habileté de leur propriétaire, attestée d'ailleurs par des prix obtenus à Poissy et à la Villette.

M. de Briey réside constamment sur son domaine, il n'a pas de régisseur, dirige lui-même son exploitation, en surveille tous les détails et tient ses livres avec ordre. Il a encore de grands progrès à réaliser, surtout au point de vue de la culture ; mais, appuyé sur une abondante production de fumier et sur les amendements calcaires, il parviendra, en adoptant un assolement judicieux et en soignant les détails, à tirer de ses terres tout le parti possible. Il a déjà atteint un haut degré de perfection dans ses spéculations sur les animaux. Le Jury lui décerne une médaille d'or pour la forte proportion, le bon choix et le bon entretien de son bétail.

M. DE CORAL, *à Marçay.*

Le domaine de la Badonnière, appartenant à M. de Coral, est situé dans la commune de Marçay, canton de Vivonne, arrondissement de Poitiers, entre le chemin de fer de Bordeaux et celui de la Rochelle, et non loin de leur point de jonction; il s'étend sur quelques coteaux assez élevés et dans un vallon qui les sépare et au fond duquel coule un petit cours d'eau. Le sol est généralement silicéo-argileux, compacte et froid, le sous-sol de même nature et quelquefois rocheux; au sud-est du domaine on trouve des terres argilo-calcaires d'une fertilité bien supérieure. La partie exploitée directement par M. de Coral est seule présentée au concours. Elle renferme 145 hectares : 54 en bois, 14 en défrichements de bois, 38 en céréales et cultures diverses, 32 en prairies artificielles, 7 en prairies naturelles. M. de Coral a entrepris, en 1856, l'exploitation directe de cette terre, cultivée jusqu'alors par des métayers et laissée par eux dans un état fort misérable.

Les bois, en taillis coupés à neuf ans, étaient ravagés par les bestiaux, appauvris par des enlèvements incessants de litières, dépeuplés dans une grande partie de leur superficie. L'accès en a été absolument interdit aux animaux, le fauchage des ajoncs a cessé, les coupes ont été suspendues, les parties dépeuplées ont été regarnies, d'abord par des semis de sapins qui ont médiocrement réussi, puis par des plantations considérables de pins d'Ecosse, enfin les parties les plus dénudées ont été défrichées.

Ces défrichements sont faits par des tâcherons qui reçoivent 100 fr. par hectare et le bois en terre; puis le terrain est profondément labouré par de fortes charrues attelées de six bœufs. On obtient ensuite au moyen de chaulages, suivis de fumures et d'applications d'engrais phosphatés, des récoltes de seigle et d'avoine, de racines et de fourrages, dont l'aspect nous a paru satisfaisant. Dans certaines parties de ces défrichements, la chaux était disposée en petits tas non recouverts; ailleurs des amas de fumier étaient exposés à l'air depuis plus de deux mois : nous avons dû noter ces négligences.

Quant aux terres anciennement cultivées, elles sont soumises à un assolement qui paraît fort irrégulier; les céréales se succèdent souvent sur le même champ, et, dans ce cas, nous avons remarqué sans étonnement que les secondes étaient fort peu nettes de mauvaises herbes; le trèfle est souvent conservé plusieurs années, et ne tarde pas à s'éclaircir et à se laisser envahir par la végétation spontanée. Nous avons vu toutefois quelques pommes de terre bien réussies, des avoines et des seigles très-bons, 6 hectares de beaux blés et 1 hectare de blé grossaille dans un état superbe. Une pièce d'orge, médiocre dans la partie fumée au fumier de ferme, était fort belle dans la seconde moitié où avait été répandu de l'engrais Rohart ayant coûté moitié moins que le fumier évalué à 7 fr. le mètre.

Si les trèfles laissaient quelque chose à désirer, nous avons remarqué 7 à 8 hectares de luzerne de 4 à 7 ans bien garnie et très-vigoureuse.

Les prairies naturelles, bien placées dans le vallon, ont été assainies sur quelques points par le drainage, et ont donné lieu à quelques essais d'irrigation sans importance.

On trouve enfin une petite vigne de $0^{h},80$ sur la pente d'un coteau argilo-calcaire, plantée en lignes à $1^{m},50$; on a même tendu des fils de fer, mais on a négligé d'attacher les pampres et de donner les façons à propos. La végétation des ceps, très-vigoureuse, annonce que la nature du sol leur convient parfaitement.

Les bâtiments sont considérables. Dans une ancienne métairie, dite *la Rénière*, se trouvent des étables pour 18 bœufs, vieilles, basses, sans aération suffisante, et une plate-forme à fumier sans fosse à purin. Autour du château les constructions sont beaucoup plus importantes et généralement établies dans de bonnes conditions; elles ont été élevées depuis 1854. On y trouve une vaste grange entourée de bouveries, vacheries, bergerie et porcherie, des hangars, des greniers, des volières, des cours bien tenues, deux places à fumier pavées, avec citernes; une maison pour le régisseur et les communs du château. Le château lui-même, récente et élégante construction, pittoresquement situé sur une hauteur qui domine le vallon, n'est séparé de la ferme que par quelques massifs de verdure et de fleurs. L'eau ne manque pas dans les cours et les jardins, grâce à un bélier hydraulique construit depuis quelques années par M. Bollé, du Mans, et qui élève régulièrement à une hauteur de 23 mètres 110,000 litres d'eau par vingt-quatre heures.

Il y a un assez grand nombre de bons instruments dont quelques-uns ne semblent pas fréquemment mis en usage; on emploie la faneuse et le râteau à cheval. Nous avons remarqué à la Rénière des meules de blé extrêmement bien faites.

4 forts chevaux poitevins et 12 bœufs parthenais servent aux travaux; 2 taureaux, 12 vaches, 11 bœufs d'élève, 14 veaux et génisses, des races salers et parthenaise, de mérite fort inégal, mais en bon état, représentent le bétail de rente. La basse-cour renferme 7 porcs et de nombreuses volailles. 7 chevaux de luxe et 1 âne ajoutent encore à la production du fumier.

La nature du sol, l'étendue des défrichements, réclament des engrais très-abondants; outre le fumier de ferme, on emploie dans les terres défrichées le noir animal, à la dose de 600 kilos à l'hectare et la poudre d'os à raison de 400 kilos; enfin on achète à l'extérieur, chaque année, plus de 200 mètres cubes de fumier à 7 fr. le mètre.

Le personnel comprend un régisseur, un chef de culture dit *va-devant*, vingt valets employés soit à l'année, soit du 24 juin au 29 septembre, un vacher, une fille de basse-cour et une fille de peine. Selon l'usage du pays, les gages pour les trois mois de la Saint-Jean à la Saint-Michel sont la moitié de ceux de l'année entière. On emploie aussi des journaliers, car on n'a jamais, chez M. de Coral, refusé de l'ouvrage aux ouvriers qui se sont présentés pour être occupés.

La comptabilité est tenue en partie simple, d'une manière très-soignée. La valeur de la Badonnière, qui était, d'après le prix d'acquisition, de 109,010 fr. 50 c., soit 751 fr. 65 c. par hectare, a été portée par le coût des constructions et des améliorations foncières faites en dix ans, à 228,219 fr. 71 c., soit 1,574 fr. 05 c. par hectare. Le prix de l'hectare a donc été augmenté de 822 fr. 40 c., soit de 254 fr. 90 c. pour constructions et de 567 fr. 50 c. pour améliorations diverses. Ces chiffres ne s'appliquent qu'à l'exploitation et laissent en dehors toutes les dépenses relatives à la résidence.

Les dépenses et les recettes, consignées sur un livre de caisse, sont dépouillées à la fin de chaque mois et réparties selon leur nature dans un certain nombre de comptes formant le grand-livre. Des livres auxiliaires contiennent tous les renseignements sur la main-d'œuvre, les cultures, le bétail, les récoltes rentrées, etc. Il est fait un inventaire général à la fin de chaque année. D'après le grand-livre de 1867, le résultat de cette année a été un revenu de 7,391 fr. 75 c., donnant environ 50 fr. par hectare, et 3,17 p. 100. Les bois n'étant pas coupés, il y aurait de plus à tenir compte de la plus-value acquise.

L'amour du progrès, l'activité et la persévérance qui distinguent M. de Coral ont opéré, depuis le point de départ, de grands et heureux changements à la Badonnière. Constructions nouvelles, accroissement du bétail, extension des fourrages, augmentation des rendements, matériel perfectionné, défrichements, tout cela a été tenté et réalisé en partie. M. de Coral, souvent retenu par les fonctions qu'il remplit à la Cour des comptes, ne peut pas toujours prendre une part personnelle à des travaux dont l'impulsion première et la direction d'ensemble émanent de lui. Beaucoup de détails ne sont pas irréprochables, la rotation des récoltes n'est pas toujours correcte, les produits ne sont pas encore largement rémunérateurs, mais de grands efforts ont déjà produit un résultat fort appréciable ; le Jury le reconnaît et le constate en accordant à M. de Coral, pour la création d'un domaine et pour ses défrichements, une médaille d'or.

M. Lucquas de la Brousse, *à la Ferrière.*

Le domaine du Vieil-Auroux, exploité directement par M. Lucquas de la Brousse, est situé dans la commune de la Ferrière, canton de Gençay, arrondissement de Civray. Il est en un seul tenant, d'une configuration plane, présente un sol silicéo-argileux, un peu calcaire sur quelques points, un sous-sol marneux et argileux, et contient dans une étendue totale de 108 hectares : 30 hectares de bois, 75 hectares de terres arables, 1 hectare de vignes, et 2 hectares en bâtiments, cours et jardin.

Les terres arables, autrefois divisées en un très-grand nombre de pièces irrégulières, ont été successivement distribuées en huit soles à peu près égales de 9 à 10 hectares chacune. Après avoir essayé un assolement alterne à cultures annuelles, M. de la Brousse s'est vu conduit par la rareté de la main-d'œuvre à donner une place de plus en plus importante aux prairies artificielles destinées à durer plusieurs années; il leur consacre aujourd'hui quatre soles sur huit. Une sole porte du blé, la suivante de l'avoine, et les deux dernières sont occupées par des fourrages tels que choux, racines, maïs, trèfle et jarrosse. Cette rotation ne paraît pas très-favorable à la netteté du sol; aussi la propreté des céréales laisse-t-elle beaucoup à désirer, quoique la culture et l'état des plantes sarclées fussent parfaitement satisfaisants; d'un autre côté, les prairies artificielles, surtout formées de luzerne, étaient envahies par le serpolet et l'agrostis.

La cour de la ferme indique par son aspect une direction intelligente et soigneuse. Des bâtiments reconstruits en partie sur des plans bien entendus comprennent une belle grange, des étables à bœufs et à vaches, de bonnes écuries pour des juments poulinières, une bergerie, un hangar pour les instruments, et une forge. Une collection complète d'instruments perfectionnés est rangée avec beaucoup d'ordre; on y remarque un scarificateur, un rouleau suivi de petites herses articulées, et une machine à moissonner de M. Lallier. Les outils à main sont tous marqués du chiffre du propriétaire et du numéro de l'ouvrier qui les emploie. Le fumier est entassé sur une plate-forme imperméable entourée d'une rigole; le purin recueilli dans une fosse sert à faire pourrir des tiges de topinambours et d'autres débris végétaux employés à faire des composts avec de l'argile brûlée, de la chaux et de la cendre. La forge est très-bien montée et rend beaucoup de services à l'exploitation.

On emploie pour le travail 8 bœufs, 4 chevaux et 4 mulets provenant de l'administration de la guerre. Le bétail de rente comprend 5 juments poulinières dont 4 suitées, 6 vaches, 15 jeunes bœufs, 90 bêtes à laine dont 50 agneaux, 8 porcs; il y a encore 1 âne et 1 cheval de luxe. Le bétail est en bon état et généralement bien conformé; nous avons surtout remarqué de belles bêtes bovines de race limousine, de bonnes poulinières et une belle truie croisée. Au fumier produit par tous ces animaux, on ajoute chaque année pour environ 400 fr. de guano, phosphate et noir animalisé.

La vigne est plantée en folle blanche. Elle a été assainie par des tranchées au fond desquelles on a placé des fagots de bois vert, puis, comme elle était plantée en foule, elle a été recépée et établie en lignes pour permettre l'emploi de la charrue; elle est taillée selon la méthode Guyot, mais sans échalas ni fils de fer. La production a été beaucoup augmentée.

La qualité de la couche arable a été fort améliorée par les marnes fournies par le sous-sol et répandues sur toute la surface des champs.

M. de la Brousse s'est livré à des essais sur diverses cultures, sur la valeur comparée de plusieurs engrais, sur les moyens de détruire les insectes nuisibles, qui dénotent un esprit studieux et ami du progrès.

La comptabilité est tenue avec beaucoup d'ordre; ne comportant pas d'inventaire, elle ne rend réellement compte que des résultats en argent, mais les dépenses et les recettes afférentes aux diverses espèces d'animaux et aux diverses cultures y sont soigneusement distinguées, les entrées et les sorties y sont constatées; enfin, elle peut éclairer complètement un propriétaire résidant et connaissant bien la valeur de ce qui n'est pas évalué dans ses livres.

Le revenu net de l'année 1867 a été, y compris le produit des bois, de plus de 10,000 fr.; en 1861, il ne dépassait guère 3,000 fr.

M. de la Brousse réside sur le domaine avec Mme veuve Constant Sicard, sa sœur, propriétaire par indivis. Le frère et la sœur se partagent les soins de l'exploitation : celui-ci dirige la culture et le bétail, celle-ci s'est réservé les travaux intérieurs, l'apier et une basse-cour bien garnie de volailles.

L'ordre, l'intelligence, l'esprit de progrès qui président à toute cette exploitation sont dignes de récompense; les deux circonstances qui ont surtout paru mériter d'être données en exemple sont la division des terres arables en soles régulières et la bonne culture des plantes sarclées; pour ces deux motifs, le Jury décerne à M. Lucquas de la Brousse une médaille d'or.

M. de Cremiers, *à Bourg-Archambault.*

M. Augier de Cremiers, propriétaire du domaine de Bourg-Archambault, commune de ce nom, canton de Montmorillon, a mis au concours la réserve de ce domaine comprenant 150 hectares dont 103 en terres arables, 16 en prés, 28 en bois, et 3 en bâtiments, cours et jardin.

M. de Cremiers, mis en possession de Bourg-Archambault en 1856, entreprit l'exploitation directe, par domestiques, de son importante réserve. Il trouvait des terres siliceuses, sablonneuses même, incultes et couvertes de bruyères, sur la moitié de leur étendue, reposant sur un sous-sol peu profond de grès ou de sables agglutinés partout imperméable.

Une moitié des terres étaient à défricher, toutes avaient besoin d'amendements calcaires et d'assainissement. Le nouveau propriétaire n'hésita pas à consacrer un capital important à ces améliorations considérables. Le défrichement a été opéré sur 50 hectares; le drainage, fait d'après un plan bien étudié, à des prix variant de 160 à 320 fr. par hectare, a assaini 70 hectares.

Les champs sont généralement planes, mais ils occupent un plateau élevé, terminé par des pentes plus ou moins rapides. Un réseau de fossés profonds sert à limiter les pièces et à écouler les eaux de drainage.

La marne et la chaux ont été employées sur toute l'étendue des terres cultivées. Le marnage donne de meilleurs résultats, il est plus durable, il augmente par l'argile la consistance du sol, mais il est rendu très-dispendieux par l'éloignement des marnières; il revient à 400 fr. par hectare, prix double de celui du chaulage.

Une moitié des terres arables est occupée par les céréales, l'autre par des cultures sarclées et des fourrages verts. Ces récoltes nous ont paru dans un état assez médiocre. Les blés étaient assez clairs; les prairies artificielles, formées d'un mélange de trèfle et de ray-grass, peu vigoureuses et peu propres; cependant l'avoine de printemps était fort belle et les pommes de terre très-bien cultivées. Les prés naturels paraissent de bonne qualité; il a été fait quelques travaux sans importance pour les irriguer avec les eaux pluviales.

Les bâtiments sont bien construits et bien entendus : on y remarque une grange limousine, belle, quoique un peu étroite, et une excellente bergerie, vaste, aérée, bien disposée pour le service et pour la séparation des diverses catégories de bêtes à laine.

Les fumiers et le purin ne sont pas recueillis et traités convenablement avant d'être portés aux champs. La cour de la ferme n'est pas tenue avec l'ordre et le soin désirables.

Les labours sont donnés avec de bonnes charrues Dombasle, on y attelle quatre bœufs pour les labours profonds de 20 à 25 centimètres, que l'on exécute sur toutes les terres; les herses sont bien construites; l'araire du pays sert pour les buttages; enfin les blés sont dépiqués par une machine de Lotz battant en travers et mue par la vapeur.

Le bétail nombreux, en bon état, comprend des bœufs et des chevaux de travail, des poulinières et des élèves, des vaches, veaux, génisses, bœufs d'élève et bœufs à l'engrais de race parthenaise, un troupeau de 300 têtes de race poitevine améliorée par le croisement avec la race de la Charmoise, des porcs craonnais ou croisés d'élève et d'engrais.

Les travaux d'amélioration exécutés à Bourg-Archambault, les travaux de la culture annuelle, les résultats acquis sont constatés et contrôlés par des écritures tenues avec ordre d'après un plan bien conçu. Nous y trouvons que le capital de la réserve (sauf le château et ses accessoires) était évalué au début de l'exploitation à 200,000 fr., que les améliorations foncières l'ont élevé à 242,[illegible]00 fr., que le capital d'exploitation se compose d'un cheptel estimé 27,227 fr., alors qu'il ne valait pas 5,000 fr. au début, et d'un fonds de roulement évalué à 9,000 fr.

Il est fait un inventaire chaque année au 11 novembre. Les recettes et les dépenses, inscrites jour par jour, sont ensuite analysées et classées.

Du 11 novembre 1866 à la même date de 1867, les recettes ont atteint le chiffre de 30,848 fr. 40 c.; les dépenses faites pendant ce même temps ont été de 18,695 fr. 40 c. : différence, 12,153 fr., à laquelle il faut ajouter 933 fr. pour balance d'inventaire, ce qui donne un revenu net de 13,186 fr.

Ce résultat est déjà appréciable sans être encore arrivé à rémunérer largement les travaux accomplis depuis plus de dix ans. Il est vrai que les moyens mis en œuvre ne sont pas encore en rapport avec l'étendue de l'entreprise. On a trop embrassé à la fois ; il faudra, maintenant que tout est en culture, appliquer aux travaux ordinaires toutes les ressources que les améliorations ont détournées jusqu'ici ; le domaine, déjà bien transformé, atteindra ainsi toute la valeur productive dont il est susceptible et récompensera dignement l'œuvre laborieuse de M. de Cremiers.

Le Jury décerne à M. Augier de Cremiers une médaille d'or pour ses travaux de drainage et de défrichement.

MM. Chabot et H. Moreau, *à Nieuil-l'Espoir.*

M. Chabot, propriétaire, et M. Moreau, métayer, présentent ensemble la partie du domaine appelé *le Moulin-à-Jolin*, que M. Moreau cultive à moitié fruits, sous la direction du propriétaire.

Le domaine a une étendue totale de 190 hectares presque en un seul tenant; la partie mise au concours comprend $103^h,73$. Il est situé dans la commune de Nieuil-l'Espoir, canton de la Ville-Dieu de Clain, arrondissement de Poitiers, au milieu d'une plaine peu accidentée, traversée par le ruisseau *le Miosson*. Le sol et le sous-sol argilo-siliceux, graveleux sur quelques points, sont partout froids, compactes, et d'une fertilité médiocre.

A l'époque où M. Chabot entra en possession, en 1858, les terres étaient cultivées par des métayers pauvres et arriérés; les baux, qui expiraient le 29 septembre de la même année, ne furent pas renouvelés. M. Chabot prit la direction de l'exploitation et y introduisit immédiatement de notables améliorations; bientôt, en 1861, tout en conservant sous sa main une réserve importante, il donna à bail à moitié fruits la plus grande partie du domaine à M. Honoré Moreau. Le nouveau métayer était élève de la ferme-école de Monts; à défaut d'un capital suffisant, il apportait dans son entreprise une solide instruction professionnelle et des habitudes d'ordre et de travail.

L'état des terres laissait encore beaucoup à désirer, l'élément calcaire y faisait presque absolument défaut; comprenant tous les bons effets que devait avoir le chaulage, M. Chabot prit l'initiative de cette amélioration, et, en même temps qu'il chaulait toutes ses terres, il facilitait à ses voisins, par l'établissement de deux fours à chaux, les moyens de suivre son exemple.

Les terres arables s'étendent sur plus de 90 hectares : un tiers environ est couvert de fort belles luzernes; la moitié environ est occupée par les céréales, avoines inégales, méteil ou mouture assez bon, froments bons et très-bons mais infestés de chardons; enfin sur le reste des terres se trouvent de beaux topinambours, buttés au buttoir, et un champ de 16 hectares contenant des jachères bien labourées et bien fumées et des récoltes sarclées, betteraves et carottes, parfaitement cultivées. L'assolement n'est pas fixe, mais on voit qu'il est alterne et admet une forte proportion de fourrages; mais l'état des terres ne justifie pas l'usage suivi de faire jusqu'à trois céréales de suite sur les luzernes rompues.

Les prés naturels, sur les bords du Miosson, ont été très-assainis par un double curage de ce cours d'eau et par l'établissement de tranchées couvertes remplies de silex et de fascines. Les vases provenant des curages ont été répandues sur la surface des prés après avoir été mélangées de chaux.

Une vigne de 2 hectares, plantée en folle blanche, conduite selon l'usage du pays, sert aux besoins de la ferme.

Les bâtiments de la métairie sont situés à Nieuil-l'Espoir, trop loin des cultures ; ils sont vastes, en partie vieux, mais bien appropriés. Les étables sont étroites et basses, les bergeries au contraire bien aérées. La cour de la ferme est imparfaitement tenue, il n'y a pas de place à fumier ; on porte les fumiers, au sortir des étables, dans les champs où nous en avons trouvé des dépôts passablement desséchés.

Les instruments sont bien choisis ; on remarque de bonnes charrues à la Dombasle, de bonnes herses, une houe à cheval qui paraît avoir peu servi, un râteau à cheval, une machine à battre à manége de Maréchaux.

On entretient pour le travail 10 bœufs et 3 chevaux ; 6 poulinières tenues en boxes servaient pour une spéculation d'élevage devenue peu profitable et désormais abandonnée ; 10 vaches, 1 taureau, 6 veaux et 13 bœufs d'élève, salers et parthenais, ne se font distinguer ni par l'état ni par la conformation ; 91 bêtes à laine de race poitevine, améliorée par des béliers de la Charmoise et southdown, sont en belle condition, bien faites et même remarquables par quelques jeunes sujets ; enfin on élève ou l'on engraisse 10 porcs de l'énorme race craonnaise.

L'exploitation d'une métairie ne nécessite de la part du propriétaire qu'une comptabilité très-simple, et on ne peut demander au métayer autre chose qu'un livre de recettes et de dépenses. D'un autre côté, les dépenses s'accusent de part et d'autre avec une très-grande précision. M. H. Moreau est entré avec une somme de 850 fr., mais il a été obligé au début d'emprunter 90 hectolitres de mouture à son propriétaire ; au bout de six ans, en 1867, il possédait 1,415 fr. 70 c. et sa part de l'augmentation du cheptel évaluée à 11,120 fr. 20 c. Quant au propriétaire, il constate que, depuis 1861, son revenu a au moins triplé, et que la valeur des terres a été augmentée dans une forte proportion.

Les qualités que M. Chabot apporte dans la direction de la métairie se trouvent dans la réserve ; bien qu'elle ne fût pas mise au concours, une partie a passé sous nos yeux, et nous avons surtout remarqué des bâtiments d'exploitation bien entendus, récemment construits au centre du domaine, non loin d'une habitation agréable et heureusement située, et une très-belle plantation de vignes, d'une étendue de 10 hectares, parfaitement dirigée et pleine de promesses.

L'œuvre entreprise par M. Chabot et M. Honoré Moreau, et à laquelle ils contribuent, chacun en ce qui le concerne, avec un égal dévouement, est dans une bonne voie; elle a paru au Jury assez avancée pour mériter une médaille d'or qui sera attribuée à une association fructueuse entre le propriétaire et le métayer.

M. DE MAICHIN, *à Vernon*.

M. de Maichin est entré en possession, en 1835, de la terre de Vernon, située commune de ce nom, canton de la Ville-Dieu de Clain, arrondissement de Poitiers, et comprenant 440 hectares dont la moitié en bois. L'autre moitié était exploitée par quatre familles de colons. Pourvus d'instruments barbares, presque sans bétail, ces métayers cultivaient chaque année une petite portion de leurs terres et laissaient le reste en friche.

M. de Maichin reprit deux de ces métairies pour les faire cultiver sous sa main par des domestiques. Il y a introduit de grandes améliorations qui ont été en partie imitées chez les deux colons conservés et qui ont notablement augmenté la valeur et le produit du domaine.

Les terres de Vernon s'étendent sur un plateau peu élevé et très-faiblement ondulé; elles sont généralement argilo-siliceuses, contiennent sur certains points une faible proportion de calcaire, lequel abonde dans le sous-sol formé de marne et d'argile, et deviennent tourbeuses sur les bords d'un petit ruisseau; elles sont réunies en un seul tenant, à part quelques hectares de prairies situées à 6 kilomètres du centre, sur les bords du Miosson.

La nature de la couche arable a été profondément modifiée et améliorée par le marnage à 120 mètres cubes de marne par hectare successivement pratiqué sur toute l'étendue du domaine. L'effet de cet amendement dure vingt ans; quand la terre a de nouveau besoin d'une addition de calcaire, M. de Maichin trouve qu'il est plus avantageux d'avoir recours au chaulage qu'il fait à raison de 100 hectolitres de chaux par hectare et pour dix ans. Un four à chaux a été établi sur le domaine, la chaux y revient à 1 fr. l'hectolitre. De toutes les améliorations introduites par M. de Maichin, l'utilisation large et régulière des amendements calcaires est assurément celle qui a le plus de portée.

L'assolement suivi n'est pas assez rigoureux pour être déterminé autrement que par ses traits généraux. Un tiers des terres est consacré soit à la jachère, soit aux plantes sarclées, soit aux fourrages annuels et surtout aux vesces et au maïs vert; un tiers est ensemencé en céréales, pour la plus grande partie en froment d'hiver, pour le reste en avoine et orge de printemps; un tiers enfin, soit 50 hectares, est occupé par des prairies artificielles durant cinq ans, renouvelées annuellement par 10 hectares, et formées d'un mélange de trèfle, de sainfoin, de luzerne et quelquefois de minette.

Cette culture est largement comprise, mais, dans l'exécution, les détails sont loin d'être irréprochables. Nous avons vu quelques hectares de topinambours en bon état, des blés beaux mais peu propres, des céréales de printemps médiocres, des prairies artificielles un peu claires sur quelques points, mais dans leur ensemble résistant bien à une sécheresse exceptionnelle.

La vigne, cultivée sur 2 hectares, est plantée partie en folle blanche et partie en plants tirés de Saint-Émilion ; elle est faite à la main, très-soigneusement façonnée et dans un très-bel état de végétation. Le vin provenant des plants de Saint-Émilion est d'une qualité très-recommandable et exceptionnelle dans le pays.

Des plantations de pommiers et de poiriers en ligne ont été faites sur une assez grande échelle et avec succès.

Les dernières bruyères sont successivement défrichées; on sème deux ans de suite, après le défrichement, de l'avoine avec du noir animal, puis on marne et on fait entrer la terre dans l'assolement général.

Les bâtiments répartis en plusieurs corps de ferme sont vieux et médiocrement tenus; les étables sont basses, les écuries meilleures, il y a une bonne bergerie à divisions et de beaux greniers.

M. de Maichin a introduit de bons instruments, il les fait fabriquer sur le domaine et en répand l'usage dans la contrée; il possède une machine à vapeur pour le service de la machine à battre.

Il existe auprès du château un haras de chevaux et de baudets renfermant 10 baudets, 4 chevaux entiers, 6 juments poulinières, 7 jeunes chevaux, 5 jeunes mulets. Les chevaux appartiennent à la race dite mulassière, les ânes à la race du Bas-Poitou. L'importance et le produit de l'établissement de Vernon se sont ressentis du déclin subit de l'industrie mulassière naguère si florissante. En dehors du haras, on trouve à Vernon 5 chevaux pour le service du château et 6 chevaux de travail.

L'espèce bovine compte 18 bœufs de travail pour la réserve et 16 chez les métayers, 1 taureau, 10 vaches et 7 bœufs d'élève, des races salers et parthenaise, bien conformés et en bon état. Le troupeau, amélioré par l'infusion du sang dishley, compte 150 têtes. 10 porcs et truies, parmi lesquels un très-beau verrat, proviennent de croisements craonnais-manchester.

La comptabilité n'est point négligée; elle comporte : un livre des inventaires annuels, un livre de caisse, un journal où sont consignés tous les faits de l'exploitation, des livres des cultures, des bestiaux, des ouvriers, des métayers. Les éléments d'une comptabilité complète sont réunis et mettent le propriétaire à même de se rendre compte de tout.

Le capital d'exploitation s'élève à environ 100,000 fr., dont 75,000 fr. pour la réserve et 25,000 fr. pour les métairies. Les revenus ont été pour l'ensemble de la terre de 22,239 fr. 30 c. en 1868 et de 24,786 fr. 50 c. en 1867; dans cette dernière année, ils se décomposent ainsi : réserve, 14,714 fr.; métairies, 3,398 fr. 50 c.; bois, 6,674 fr.

L'œuvre agricole de M. de Maichin a donc été fructueuse, elle a exercé autour de lui une heureuse influence, elle lui mérite aujourd'hui une récompense qui consistera en une médaille d'or attribuée à la proportion considérable de prairies artificielles en grandes pièces contiguës et renouvelées par 10 hectares.

Il nous reste à parler de trois domaines remarquables à divers titres et qui, après avoir vivement frappé le Jury lors des visites, l'ont embarrassé et arrêté dans sa délibération. Ces domaines sont placés dans des conditions bien différentes : l'un d'eux est exploité directement par un grand propriétaire, l'autre par un fermier, le troisième par des métayers sous la direction du maître. Le Jury n'a pas pensé qu'aucun de ces trois modes d'exploitation, faire-valoir direct, fermage ou métayage, fût plus propre à être donné en exemple et dût assurer, à égalité de mérite, le prix au domaine qui lui serait soumis. Chacun d'eux a ses raisons d'être, chacun d'eux dans des circonstances données s'impose comme une nécessité, chacun d'eux a ses avantages, ses inconvénients, ses difficultés et ses mérites. Cette diversité, rendant la comparaison plus difficile, ne pouvait donc qu'augmenter la difficulté qu'a éprouvée le Jury quand il a fallu classer les trois concurrents. L'hésitation a été si grande qu'elle a rendu toute décision impossible dans une première réunion et qu'elle a motivé un ajournement. La délibération nouvelle a dû être précédée d'une seconde visite des trois domaines. Nous allons faire connaître les résultats de cette épreuve définitive ; mais avant d'assigner à chacun des trois concurrents sa place dans le concours, il nous a semblé qu'il était juste, pour ceux qui n'ont pas obtenu le premier rang, de dire que chacun d'eux, à un moment donné, avait paru à quelques-uns de ses juges digne de l'occuper.

M. Thym-Berthault, *à Vitré*.

M. Thym-Berthault est fermier du domaine de Vitré, communes de St-Secondin, La Ferrière et Château Garnier, canton de Gençay, arrondissement de Civray.

La carrière de M. Thym-Berthault a été extrêmement active

et tout agricole. Fils de petits cultivateurs, instruit à l'école du village, il montra de bonne heure le goût le plus vif et les plus heureuses dispositions pour les travaux des champs : à quatorze ans, il savait labourer, semer et faucher ; à seize ans, il était aussi habile que le meilleur valet de ferme ; à vingt ans, il se trouvait sans autre ressource que la valeur personnelle qu'il tenait de ce rude apprentissage. Ses parents, ruinés par des acquisitions inconsidérées, furent forcés de vendre le bien patrimonial. M. Thym-Berthault en devint le fermier, mais, dépourvu d'avances, obligé de payer en nature, à la moisson, un prix de ferme trop élevé, il dut résilier le bail au bout de peu d'années. A l'âge de vingt-trois ans, il devint colon partiaire chez un propriétaire éclairé qui avait su apprécier son intelligence et son travail, et qui lui fournit tous les moyens d'exploitation. Au bout de quatorze ans, le domaine avait doublé de valeur, et M. Thym songea à s'établir pour son compte et à tenter une entreprise plus importante.

C'est alors, le 29 septembre 1861, qu'il devint fermier de Vitré, pour dix-huit ans, au prix de 4,000 fr. pour les trois premières années, et de 5,000 pour les quinze autres, outre la charge des impôts montant à 700 fr.

Vitré est une grande terre de 470 hectares en un seul tenant ; la ferme comprend 350 hectares divisés en quatre corps d'exploitation. M. Thym trouva trois de ces fermes entre les mains de colons, il en reprit une et se réserva une certaine direction sur la culture des deux autres.

Les terres formant l'exploitation directe du fermier sont de valeur fort inégale ; elles s'étendent sur de grandes collines ; les parties basses offrent de très-bons sols argilo-calcaires reposant sur la marne, le sol des pentes est graveleux, enfin les sommets fort étendus sont occupés par de véritables terres de lande. Le fermier précédent avait épuisé et sali les terres par un assolement qui admettait, après une année de jachère, quatre récoltes consécutives de grains, froment, méteil, avoine et maïs, suivies d'une prairie artificielle en mélange, conservée jusqu'à ce qu'elle ne fût plus qu'une friche. Une grande partie des champs, laissée sans culture, était abandonnée au parcours des bestiaux.

Sans avoir pu encore adopter un assolement régulier et définitif, M. Thym a, dès le début, renoncé à ces rotations vicieuses. Il a introduit largement la culture des racines et des plantes sarclées, étendu et amélioré les prairies artificielles, approfondi les labours, multiplié les façons, épierré ses champs, utilisé la quantité considérable de pierres réunies par cette opération pour niveler les cours, créer et perfectionné les chemins, drainer les parties humides.

Au moment de la première visite, les 95 hectares de terres arables comprenaient : 25^h,60 de céréales dont 18^h,35 en froment d'hiver, 8^h,75 en avoine, 1 hectare en orge et 2^h,50 en blé de mars; 14 hectares en betteraves, pommes de terre, carottes, choux et topinambours; 62^h,64 en prairies artificielles formées de trèfle, de ray-grass et de lupuline. L'état général de ces récoltes était très-bon. Quelques prairies artificielles laissaient voir qu'elles occupaient le sol depuis trop longtemps, les avoines d'hiver étaient en partie gelées, mais les plantes sarclées étaient belles et bien nettes, les blés beaux, le blé de Saumur de printemps très-beau. La seconde visite a confirmé les impressions produites par la première, et a fait passer sous les yeux du Jury de très-beaux blés, des plantes sarclées bien préparées et de magnifiques fourrages.

A côté de ces terres anciennement cultivées, d'autres champs ont été successivement conquis sur la lande ou sur de très-vieilles friches. Un labour profond avec une très-forte charrue spéciale attelée de 6 à 10 bœufs, des hersages répétés et l'emploi de 500 kilogrammes de noir animal préparent un premier ensemencement en avoine; la seconde année, nouveau labour profond en travers, hersages, 250 kilogrammes de noir et colza; troisième année, seigle ou avoine après une demi-jachère suivant l'enlèvement du colza et avec 175 kilogrammes de noir; quatrième année, marnage à 125 mètres cubes avec des marnes très-riches extraites sur le domaine et fumure abondante. Ces terres sont ensuite traitées comme les anciennes terres du domaine. De 1861 à 1868, 40 hectares ont été soumis à ce traitement énergique. Dans nos deux visites, les colzas étaient enlevés, mais nous avons vu sur ces défrichements des céréales très-belles et très-propres.

Les bâtiments de Vitré étaient vastes, mais mal disposés; ils ont été considérablement améliorés. Les écuries ont été nivelées, aérées par des croisées et par des portes à claire-voie servant dans la belle saison; une très-bonne bergerie a été faite par la réunion de trois écuries et la création de deux cours closes au-devant des portes; une porcherie bien entendue a été construite. Le fermier a concouru à ces travaux; c'est lui qui a établi plusieurs hangars couverts en bruyère d'une installation fort économique.

La cour est tenue avec ordre; le fumier est monté avec soin en tas hauts de 2 mètres et entourés de rigoles qui ramènent le liquide qui en découle dans un trou étanche, les meules de gerbes sont bien faites, les outils à main bien rangés à un râtelier numéroté. L'outillage excellent ne comprend que des instruments très-nécessaires, très-employés et très-bien choisis; on y remarque des charrues, des herses articulées, des buttoirs et des houes, tous de très-bon modèle, un râteau à cheval, et une batteuse mue par une machine à vapeur.

Les labours sont faits par 16 bons bœufs de Salers que l'on engraisse quand ils ont fini leur service; les transports emploient 5 chevaux, 1 mulet et 1 âne.

Il y a 5 juments poulinières du pays dont plusieurs suitées, 4 vaches gâtinaises, 2 belles vaches mancelles pour l'élevage, 2 génisses et 8 jeunes bœufs de 2 à 3 ans achetés à 1 an.

Le troupeau est remarquable. Il renferme des bêtes de la Charmoise, des croisements des races poitevine, de Crevant et de la Charmoise. Les béliers appartiennent à cette dernière race. On vend les agneaux à sept mois, mais on conserve chaque année quelques mâles vendus plus tard à de bons prix pour la reproduction.

La porcherie renfermait 60 sujets dont 2 verrats, l'un craonnais et l'autre manchester, 6 truies craonnaises, 1 berkshire et 1 manchester. Les produits sont autant que possible vendus jeunes.

Tous les animaux ont été trouvés aux deux visites dans un état excellent.

La basse-cour est très-nombreuse, elle fournit à la consommation de la maison, donne des œufs, des volailles et 150 dindons pour le marché, et procure une recette annuelle de 700 à 1,000 fr.

Nous n'avons rien à dire des prairies naturelles situées dans des parties basses et fournissant des foins médiocres.

La vigne mérite, au contraire, notre attention. Elle a été plantée en 1862, sur une étendue de 3h,60, principalement en folle blanche avec un peu de rouge, après un bon défoncement, en lignes doubles à 1 mètre de distance, avec un intervalle de 3m,30 entre les lignes doubles. Il eût mieux valu établir des lignes simples à 2 mètres l'une de l'autre. Les façons se donnent à la charrue entre les rangs doubles; il aurait été avantageux d'employer la charrue sur tout le terrain. La taille est bien comprise, chaque cep porte deux branches à fruit piquées en terre dans la ligne après avoir décrit un arc et deux *ongles* portant deux boutons, placés à la base des branches à fruit pour les remplacer l'année suivante. Le vignoble est clos par de bons fossés, bien nivelé et parfaitement tenu. Ce clos de 3h,60 a produit, dès 1864, 58 hectolitres de vin; en 1867, la récolte s'est élevée à 182 hectolitres.

Dix-sept valets, un chef de culture ou *va-devant*, trois servantes et des journaliers en cas de besoin fournissent la main-d'œuvre. M. Thym obtient beaucoup de ses ouvriers par sa surveillance active et incessante, par l'exemple qu'il leur donne de l'ardeur au travail, enfin par des encouragements consistant en médailles et primes en argent qu'il leur distribue à la suite de concours et qui excitent entre eux beaucoup d'émulation.

La comptabilité est simple, mais tenue avec soin et exactitude. Les dépenses et recettes journalières, les récoltes, le bétail ont chacun leur registre. Il résulte des comptes que, de 1862 à 1868, l'excédant des recettes a été de 29,030 fr. 80 c., et l'augmentation de valeur du cheptel 15,890 fr. 20 c.; en tout, 44,921 fr., soit un bénéfice annuel moyen de 7,488 fr. 50 c.

M. Thym-Berthault a abordé une entreprise considérable

en elle-même, considérable surtout eu égard aux ressources dont il pouvait disposer; aux prises avec une situation difficile, il a déployé de l'intelligence et de l'énergie. Il a déjà obtenu des résultats certains, il mérite un succès complet, et ce serait justice que l'agriculture conduisît à la fortune cet agriculteur vaillant.

Le Jury décerne à M. Thym-Berthault une médaille d'or grand module.

M. LE BARON DU PUYNODE, *à Angles.*

M. le baron du Puynode possède de vastes propriétés dans les départements de la Vienne, d'Indre-et-Loire, de l'Indre et de la Charente; il dirige spécialement, avec l'aide d'un régisseur général, l'exploitation de vingt-sept domaines situés à portée de sa résidence, et dont quelques-uns sont cultivés par des valets à gages, tandis que la plupart le sont par des colons à moitié fruit placés sous la direction du maître sans l'autorisation duquel ils ne peuvent faire ni achat ni vente. Ces domaines contiennent ensemble 914 hectares et sont garnis de cheptels valant 131,118 fr.

M. du Puynode ne présente pas au concours toutes ces propriétés, mais il a paru convenable de donner la mesure de l'étendue de son administration et de la portée de ses exemples.

Le domaine des Certeaux, résidence habituelle de la famille, et le seul qui soit soumis au Jury, est situé dans la commune d'Angles, canton de Saint-Savin, arrondissement de Montmorillon; il comprend 120 hectares, mais il y a lieu d'en déduire $18^{h},50$ de prairies qui se trouvent hors du département dans lequel est circonscrit le concours et qui, du reste, sont exploitées à part et ne comptent pas habituellement dans les ressources fourragères du domaine. Restent $101^{h},50$ dont $61^{h},81$ en terres arables, $25^{h},65$ en prés naturels, $6^{h},15$ en vignes, $2^{h},70$ en bâtiments, cours, jardins et vergers, et $4^{h},89$ en terres incultes livrées à la pâture.

Le sol, d'une configuration accidentée, est calcaire et argilo-calcaire, à sous-sol calcaire, la couche arable est peu profonde, les pierres affleurent quelquefois la superficie des champs; elles encombraient le sol de leurs débris ; pour faciliter la culture et souvent pour la rendre possible, il a fallu un immense travail d'épierrement qui a fourni des matériaux pour l'amélioration des routes et l'établissement des clôtures.

Les terres, partout perméables, sont toujours saines, mais elles manquent d'eau et de fraîcheur et redoutent la sécheresse. Leur fertilité naturelle est très-bonne.

Le château est bâti sur une éminence, d'où l'on voit, au milieu d'un pays charmant, l'Anglin et la Gartempe réunir leurs eaux; il est entouré d'agréables jardins où l'on remarque plusieurs beaux exemplaires d'arbres d'ornement.

Les bâtiments d'exploitation, groupés auprès du château, ont été appropriés ou construits avec beaucoup de soin. On y trouve une étable pour les bœufs de travail un peu étroite, une grange pour les gerbes, une belle étable limousine pour 25 bœufs à l'engrais surmontée d'une grange contenant 100,000 kilos de fourrage sec, une bonne porcherie, bien tenue mais sans bassins et sans paddocks, de vastes hangars pour serrer les récoltes et ranger les instruments, un cuvier avec un bon pressoir, un fouloir et six cuves surmontant une cave voûtée dans laquelle, quand on écoule les cuves, on remplit les barriques au moyen d'un tuyau flexible. Au moment de la première visite on achevait un vaste hangar de 20 mètres sur 12, construit en pierres, couvert d'une belle charpente et destinée à la conservation des fumiers ; une vaste citerne à purin voûtée, avec pompe à chaîne, une plate-forme avec un plan incliné et un chemin de fer pour monter les fumiers au-dessus du tas quand il a atteint une certaine hauteur, complètent cette installation dispendieuse. Il y a encore des écuries pour les chevaux de travail et pour ceux du château, une boulangerie, le logement du régisseur, la chambre aux racines et la chambre pour préparer les aliments, toutes deux situées auprès de l'étable d'engraissement ; la dernière contient un fourneau, une chaudière et divers instruments d'intérieur, tels que hache-paille, coupe-racines, aplatisseur d'avoine recevant l'impulsion d'un arbre de couche commandé par un manége. L'eau est fournie par un puits de 60 mètres de profondeur. Des dispositions ingénieuses facilitent les arrosages, le service du château et celui des étables. Les eaux pluviales sont recueillies dans les abreuvoirs, une noria à main porte l'eau dans les mangeoires des bœufs à l'engrais, une pompe mue par un moulin à vent alimente des bassins élevés d'où l'eau se distribue selon les besoins.

Un potager et un verger clôturés, bien cultivés et bien plantés se trouvent auprès des bâtiments d'exploitation.

Les nombreux instruments réunis sous les hangars sont bien choisis. Outre les charrues, les herses, les rouleaux et les houes à cheval de bons modèles, on y voit la faneuse et le râteau à cheval, 3 machines à battre à manége, une machine à égrener le trèfle, un trieur de grains, une pompe à brouette, un tonneau à purin et une bascule à bestiaux.

Les terres du domaine, presque toutes closes de murs et séparées par des chemins publics, forment de grandes pièces qui, à partir du château, s'étendent depuis le sommet de la colline jusqu'au bord de l'Anglin.

Les terres arables comprennent $61^h,81$. En 1868, on n'y trouvait que $2^h,80$ de jachères mortes ; les céréales occupaient $27^h,43$, dont $13^h,88$ en froment et seigle, $10^h,05$ en orge, et $3^h,50$ en avoine d'été ; les fourrages, tels que luzerne, sainfoin, jarrosses, vesces d'hiver et d'été, couvraient $23^h,28$; enfin les cultures sarclées s'étendaient sur $8^h,30$, dont 4 en pommes de terre, $3^h,50$ en betteraves, $0^h,60$ en choux et maïs. Il ne nous est pas possible de formuler d'une manière précise l'assolement suivi; mais il résulte de la division et de la succession des récoltes que nous avons constatées sur le terrain, que les cultures sont alternées d'après de bons principes, que les fumures sont fréquemment renouvelées, ce qui convient bien à la nature ardente du sol, que les cultures en ligne sont bien faites avec les instruments, et que toutes les façons sont très-soignées. L'état de toutes les récoltes était très-beau et l'emportait dans son ensemble sur ce que nous avions rencontré dans les autres visites. Sauf une orge d'été sur froment, médiocre et infestée de folle avoine et des avoines arrêtées par la sécheresse, tous les champs offraient l'aspect d'une culture bien faite et d'une végétation florissante. Notre seconde visite a renouvelé et confirmé ces bonnes impressions, elle nous a fait voir des betteraves bien réussies et très-avancées, de beaux blés, et particulièrement un champ d'orge de printemps de plus de 10 hectares, d'une beauté et d'une uniformité remarquables.

Les prairies situées au bord de l'Anglin paraissent d'une très-bonne nature, elles ont été agrandies par des nivellements, aux dépens de pentes incultes et closes de murs.

Le vigne occupe $6^{h},45$. Les plantations nouvelles n'occupaient en 1868 que $0^{h},60$; dans les anciennes vignes $2^{h},50$ avaient été restaurés. Ces vieilles vignes, plantées en foule, sont successivement recouchées de manière à former des lignes espacées de $1^{m},66$. Les vignes jeunes et renouvelées sont travaillées à la charrue et à la houe à cheval ; elles sont fumées avec des composts faits avec soin et taillées d'après la méthode Guyot. Les cépages sont le cot rouge, le pineau et la folle blanche. Le vin des Certeaux est de très-bonne qualité ; cette circonstance jointe à la nature du sol, aux pentes et aux expositions, à la belle végétation de la vigne, semble indiquer une voie fructueuse à l'exploitation du domaine.

Nous avons vu dans les étables 10 bœufs de travail, parthenais, un peu secs, mais très-forts, 10 bonnes vaches parthenaises, hollandaises et bretonnes, 8 veaux et génisses de divers âges ; dans les écuries, 3 vigoureux chevaux de trait, 2 moins forts pour les travaux légers, et 10 chevaux de luxe ; aux bergeries, 1 troupeau de 280 bêtes à laine, surtout de race southdown-mérinos, bien conformées et portant de très-belle laine ; enfin dans la porcherie 9 très-beaux animaux, 2 verrats, 4 truies et 2 porcs à l'engrais, des races craonnaise, windsor, middlesex et croisés.

Ces animaux ne représentent pas la principale spéculation animale faite sur le domaine et qui consiste dans l'engraissement des bœufs. Chaque année les bœufs de travail à renouveler et une certaine quantité de bœufs achetés maigres déterminée par les ressources fourragères de l'année, sont engraissés du 1er septembre au 1er avril. Jusqu'au 1er décembre ils sont tenus dans les prés clos de murs situés au bord de la rivière, ensuite ils sont rentrés à l'étable jusqu'au moment où ils sont envoyés sur les marchés du pays ou sur celui de la Villette. A notre seconde visite, il restait à l'étable 12 bœufs sur les 30 qui ont été engraissés cet hiver; nous en avons examiné 8, tous très-beaux et dont quelques uns étaient parvenus à un état d'engraissement très-avancé. En 1867, le relevé des comptes indique une dépense de 12,400 fr. pour achats de bœufs, de 450 fr. pour grains et tourteaux, et une recette de 17,760; la différence, soit 4,910 fr., augmentée de la valeur des fumiers, représente le prix des soins, la litière et les fourrages consommés, et laisse évidemment un bénéfice appréciable.

On voit que la comptabilité du domaine est à même de fournir les renseignements qu'on peut lui demander. Cette comptabilité, fort simple, mais bien ordonnée, comprend un livre de recettes et de dépenses, un livre des semences et des récoltes, un livre des journées.

Il résulte du dépouillement de ces livres que l'exploitation du domaine des Certeaux donne des résultats certains et avantageux. Un régisseur, six domestiques nourris, quatre domestiques seulement gagés, des journaliers pour 1,800 fr., des tâcherons pour 1,200 fr., sont employés sur le domaine. La quantité des fourrages est si considérable que l'on a pu en vendre en 1867 pour 1,800 fr. Enfin l'excédant des recettes sur les dépenses a été, en 1867 (le blé à 35 fr. l'hectolitre) de 16,963 fr., en 1868 de 13,081 fr. 50 c. Le bénéfice d'inventaire ayant été de 3,750 fr. en 1867, de 2,919 fr. en 1868, le revenu total a été en 1867 de 20,668 fr., en 1868 de 16,000 fr. 50 c.

L'ensemble du domaine indique une culture soignée de longue date et qui a porté des terres, douées de fertilité naturelle, au meilleur état de production, une administration sage et éclairée, une recherche constante du mieux. L'exemple donné sur une réserve importante par le propriétaire de vastes domaines, résidant sur ses terres, travaillant avec persévérance à les améliorer, est fait pour exercer la plus heureuse influence. Le Jury décerne à M. le baron du Puynode une médaille d'or grand module. »

En décernant à M. Thym et à M. du Puynode les plus hautes récompenses qui fussent à sa disposition, le Jury a épuisé le droit que lui confère l'arrêté qui l'a institué. En voyant établir pour 1870 les primes spéciales de culture pour les fermiers et pour les propriétaires faisant valoir directement leurs domaines, il a bien vivement regretté de ne pas se trouver sous l'empire du nouveau règlement si sage et si parfaitement en rapport avec les circonstances spéciales qui se sont présentées dans le concours de la Vienne. Ces circonstances sont tellement caractérisées, les titres de M. Thym, ceux de M. du Puynode leur auraient assuré avec une telle évidence ces primes spéciales et en même temps les ont portés si près de la prime d'honneur, que le Jury prend la liberté de supplier S. Exc. M. le Ministre de l'agriculture, du commerce et des travaux publics, de vouloir bien accorder à ces deux concurrents, au lieu de la médaille d'or grand module que le Jury leur a décernée, l'objet d'art qui doit désormais accompagner les primes de culture des catégories auxquelles ils appartiennent. Le Jury est unanimement convaincu que la mesure qu'il sollicite, en augmentant l'éclat des récompenses, les mettrait en rapport avec les mérites exceptionnels des concurrents et avec la situation qu'ils ont occupée dans le concours.

Mme veuve SERPH-LABRAUDIÈRE, *à Savigné.*

Le domaine des Angremy, situé dans la commune de Savigné, canton et arrondissement de Civray, appartient à Mme veuve Olivier Serph-Labraudière, qui l'exploite, soit directement, soit, pour la plus grande partie, par métayers. Formé par un domaine patrimonial augmenté par des acquisitions successives, il renferme aujourd'hui 200 hectares en un seul tenant, divisés en 150 hectares de terres arables cultivées par les métayers, 10 hectares en bâtiments, cours, jardins, châtaigneraies et terres de réserve, et 40 hectares en bois.

Le sol est argilo-siliceux et argilo-sableux, le sous-sol est formé d'argile et de sable rouge. Ces terres, dépourvues de l'élément calcaire, sont naturellement froides et infertiles. Deux faits permettent de préciser leur véritable valeur propre : en 1821, 52 hectares, ajoutés au domaine, ont été payés

11,000 fr.; en 1832, les terres autres que les bois, comprenant 135 hectares, ont été affermées au prix de 600 fr. Ces chiffres donnent en même temps l'idée de l'état de misère et d'abandon dans lequel se trouvait la culture.

M. Olivier Serph vint se fixer aux Angremy en 1845. A partir de ce moment fut entreprise l'œuvre, qui n'a plus été interrompue, de l'amélioration ou plutôt de la transformation du domaine. M. O. Serph mourut en 1860; sa veuve, aidée de ses fils, continua et développa son entreprise agricole.

C'est donc le résultat d'un travail de vingt-trois ans qu a été mis sous nos yeux. Dans ce résultat trois choses nous ont surtout frappés : la transformation du sol arable, le mode d'exploitation, et la culture.

Le sol était en grande partie en friches; quelques champs, de petite dimension, de forme irrégulière, occupaient le reste avec de nombreux chemins bordés de grandes haies. Les eaux pluviales, sans écoulement, séjournaient par places pendant une partie de l'année.

Peu à peu toutes les terres incultes ont été défrichées au moyen de puissantes charrues, 8,000 mètres de haies ont été arrachés, 2,000 mètres de chemins inutiles supprimés, les champs agrandis et régularisés, les eaux stagnantes évacuées par des fossés ou absorbées par des labours profonds.

Tout cela aurait été insuffisant si la nature même du sol n'avait été modifiée; l'élément dont il était dépourvu lui fut ajouté par des chaulages énergiques. Jusqu'en 1862 chaque hectare avait reçu de 120 à 150 hectolitres de chaux prise à des fours éloignés; en 1862, la découverte d'une carrière de pierres calcaires décida à construire sur le domaine un four à chaux à feu continu. Depuis lors, 17,000 hectolitres de chaux ont été employés à donner à toutes les terres un second chaulage. C'est par l'ensemble de tous ces moyens que le sol a été transformé.

Le domaine tire son caractère le plus particulier et le plus frappant du mode d'exploitation auquel il est soumis. C'est le métayage, le métayage conseillé par les circonstances locales, par la rareté de la main-d'œuvre, par la nécessité de marcher progressivement avec les seules ressources du domaine, mais le métayage dirigé par des conseils éclairés, guidé par des expériences faites dans la réserve avant l'introduction de toute nouvelle culture, soutenu par des avances, fortifié par l'aide mutuelle que se prêtent les métayers.

Sur les 160 hectares de terres, 150 ont été confiés à cinq familles cultivant chacune 30 hectares; les constructions nécessaires ont été groupées au même lieu, et forment comme un hameau auprès de la maison du maître. Chaque famille cultive seule ses terres, mais souvent, toutes les fois que le cas l'exige, comme pour les labours profonds à dix bœufs, pour des rentrées de récoltes urgentes, les colons s'entr'aident successivement de leurs personnes et de leurs attelages. Certains instruments, dont le prix est élevé et dont l'usage n'est pas journalier, comme le râteau à cheval, le tonneau à purin, le rouleau Croskill et la machine à battre, servent alternativement à tous. Ces familles nombreuses vivant auprès des maîtres rappellent les mœurs antiques au milieu des progrès les plus récents dont l'exploitation offre l'application et l'exemple. Comme la terre qu'elles cultivent, elles sont parties de la misère et marchent à l'aisance par le travail et grâce à une direction intelligente et affectueuse.

L'alliance féconde de la pensée et du travail se retrouve dans la culture exécutée par les colons d'après un assolement dont le plan est très-arrêté. Chacun des lots de 30 hectares est divisé en huit soles; deux soles sont réservées à la luzerne, les six autres sont soumises à la rotation suivante : première année, choux de Chollet, maïs-fourrage et topinambours, avec compost de chaux et fumure; deuxième, racines et légumes fumés; troisième, froment d'hiver; quatrième, trèfle; cinquième, froment; sixième, avoine d'hiver ou orge de printemps, après lesquels, avant de recommencer la rotation, on obtient une récolte dérobée de navets, farrouche ou garrobe.

Toutes ces cultures sont faites avec beaucoup de soin et d'après les meilleurs procédés. La perfection n'est pas encore atteinte : les premières luzernes, établies prématurément, laissent beaucoup à désirer; les trèfles dévorés par les limaces ont complètement manqué en 1868, mais en 1869 ils sont superbes; les céréales ont paru généralement bonnes en 1868.

en 1869 elles ont le plus bel aspect et donnent les plus belles espérances; les cultures sarclées sont semées au semoir comme une partie des céréales, et toutes faites avec les instruments; ces récoltes, par leur forte proportion relative et leurs produits abondants, ont rendu à l'exploitation l'immense service de combler le vide menaçant que l'insuccès des fourrages de printemps en 1868 avait laissé dans les granges. L'ensemble des cultures prouve l'application et le zèle apportés par les métayers à exécuter tous les travaux nécessités par un assolement très-bien compris et essentiellement améliorant.

Deux des métairies ont été construites, les trois autres appropriées. Ces travaux ont été faits avec une grande entente et beaucoup d'économie. L'état d'entretien est bon et la tenue irréprochable.

Le matériel de la culture est très-bon et très-pratique et ne contient rien d'inutile. Des charrues Dombasle, des herses, des houes à cheval de Bodin et de Dombasle, des buttoirs, le rouleau Croskill, les semoirs de Curzay et de Guilleux, de bons instruments d'intérieur, deux machines de Pinet, suffisent aux besoins de l'exploitation.

Le bétail est nombreux et en bon état. 20 bœufs de Salers, 18 juments poulinières font les travaux du domaine; à la seconde visite, le Jury a trouvé 10 bœufs de plus pour les travaux et les 20 bœufs qu'elle avait vus au travail en 1868 en bon état d'engraissement et prêts à être dirigés sur le marché de la Villette. La spéculation sur le bétail reposait sur l'élève des mulets, elle est en voie de se transformer par suite de la crise qui sévit sur l'industrie mulassière.

On engraissera désormais des bœufs, soit achetés dans les foires où les conduisent les marchands de l'Auvergne, soit élevés sur le domaine par des vaches salers saillies par le taureau durham, croisement dont les premiers essais ont obtenu un succès remarquable. Les 15 mules ou mulets qui existaient en 1868 ont été vendus en partie et le seront successivement tous. 12 vaches dont 6 suitées, 9 génisses de 1 an à 15 mois, 7 veaux de lait, représentaient, au contraire, en 1868 la catégorie d'animaux destinée à prendre la place des mules d'élève et à s'accroître avec les ressources fourragères. On trouve encore dans les métairies 140 bêtes à laine poitevines en voie d'amélioration par le sang southdown, 5 porcs à l'engrais et 30 jeunes porcs de croisement; enfin, 1 cheval souffleur et 2 chevaux de luxe complètent avec de nombreuses volailles la population animale.

Les fumiers sont, le plus souvent, portés aux champs au sortir de l'étable. Quand on ne peut le faire, on les monte en tas sur des plates-formes d'argile avec trous à purin, et on les arrose à l'écope. Quelques engrais artificiels, charrées, poudre d'os, phosphate fossile, boues de ville, pour une valeur annuelle d'environ 1,000 fr., sont aussi employés dans les cultures.

Le four à chaux et le combustible sont mis à la disposition des métayers, qui font cuire eux-mêmes et obtiennent ainsi la chaux à un prix minime.

Dans la réserve, on trouve quelques cultures sarclées très-soignées, des luzernes, 2h,50 de vieilles vignes et des taillis de châtaigniers.

20 hectares de bois taillis de chêne, aménagés à neuf ans, sont coupés par les métayers moyennant le tiers du produit. Une futaie de 20 hectares d'une très-belle venue est tenue avec soin et élaguée d'après les meilleurs principes.

Des améliorations poursuivies avec tant de suite et d'application ont porté leurs fruits. Les Angremy, en 1842, rapportaient 1,200 fr. à leur propriétaire; depuis lors, il a été ajouté au capital foncier : 41,000 fr., prix d'acquisition de 45 hectares; 30,000 fr., prix de constructions, et, enfin, 14,251 fr. 95 c. en améliorations diverses. Le revenu réalisé en argent s'est élevé de 2,817 fr. 30 c. en 1861 à 11,136 fr. 66 c. en 1867 et 10,127 fr. 26 c. en 1868; les bénéfices d'inventaire ont aussi suivi une marche progressive et ont atteint, en 1867, 6,562 fr. 47 c.; en 1868, 5,098 fr. 03 c.; d'où résulte un revenu net total de 17,699 fr. pour 1867 et de 15,225 fr. 29 c. pour 1868.

Mme O. Serph a cédé aux désirs des familles qui cultivent sa terre et vivent autour d'elle, en soumettant au Jury les travaux accomplis aux Angremy. L'intéressant spectacle que présente ce domaine fait honneur au travail énergique des colons et à leur confiance dans une direction bien nouvelle pour eux et bien éloignée de la routine traditionnelle; ce spectacle rappelle le souvenir de M. O. Serph qui a commencé l'œuvre aujourd'hui si avancée, il atteste l'esprit éclairé de M. G. Serph qui y a apporté un concours actif et dévoué, et il inspire une vénération véritable pour cette veuve courageuse dont la douce et ferme influence, l'exemple fortifiant, l'active bienveillance ont transformé cette terre et amélioré la condition de ceux qui la cultivent.

Le Jury décerne à Mme veuve O. Serph-Labraudière la prime d'honneur.

Bordeaux. Imprimerie générale d'Émile Crugy.

www.ingramcontent.com/pod-product-compliance
Lightning Source LLC
LaVergne TN
LVHW050436160826
845677LV00002BA/722
* 9 7 8 2 3 2 9 6 7 1 3 1 4 *